有一种成熟叫不失控

党博 编著

成都时代出版社
CHENGDU TIMES PRESS

图书在版编目（CIP）数据

有一种成熟叫不失控 / 党博编著 .-- 成都 ： 成都时代出版社，2018.11（2023.6 重印）
ISBN 978-7-5464-1734-9

Ⅰ . ①有… Ⅱ . ①党… Ⅲ . ①情绪—自我控制—通俗读物 Ⅳ . ①B842.6-49

中国版本图书馆 CIP 数据核字（2017）第 187321 号

有一种成熟叫不失控
YOU YIZHONG CHENGSHU JIAO BU SHIKONG
党博 编著

出 品 人	达 海
责任编辑	周 慧
责任校对	张 旭
责任印制	黄 鑫 陈淑雨
装帧设计	范 磊
出版发行	成都时代出版社
电 话	（028）86742352（编辑部）
	（028）86615250（发行部）
印 刷	天宇万达印刷有限公司
规 格	710mm×1000mm 1/16
印 张	14
字 数	220 千
版 次	2018 年 11 月第 1 版
印 次	2023 年 6 月第 2 次印刷
印 数	8001-20000
书 号	ISBN 978-7-5464-1734-9
定 价	58.00 元

精要絮语

只有掌控住了自己手中的风帆，才能够把握住前进的方向。

在诱惑丛生的世界中保持自我，在纷扰嘈杂的世间沉静心灵。人生之精彩，不在于世界有多开阔，而在于你的心有多沉稳与开朗。

杨澜女士说：“我们虽然不能控制风的方向，但却可以调整帆的方向，达到胜利的彼岸。”

核心提要

☆ 不失控，该动脑子的时候别动感情

☆ 人贵有“自制”之明，愤怒之时要忍一忍

☆ 抱怨是往鞋子里倒水，行路会越发艰难

☆ 别拿欲望当理想，收不住心就会落入万丈深渊

☆ 及时给压力松松绑，切勿让一根稻草压死了骆驼

☆ 锤炼心性，我们需要给自己找回安全感

☆ 坏习惯不可怕，可怕的是你控制不了它

☆ 平静并非要躲开喧嚣，而是要在心中筑篱养菊

☆ 没有意志力的人生，一直都在失控

☆ 破译人际交往的情绪密码，暖化人际距离

☆ HoLd不住职场，谁也给不了你想要的生活

☆ 爱情有时脆弱如纸，经不起折腾

前言

Preface

每一个繁花似锦的春天都曾经历过落叶纷飞的萧瑟；每一个风光无限的日子都曾有过黯然神伤的没落；每一个成熟稳重的人都曾有过失控不解的挣扎……

著名作家石康对“失控”做了如下的描述：记住刹车，这是关键……没踩住刹车，你就要意识到你失控了……你要学会避免失控。失控，那是最坏的情况。因为谁也不知道失控以后，会发生什么事……人生中的各种事情重要的不是你做得很爽、很顺利、很高兴，重要的是你知道什么时候“踩刹车”，知道什么时候调整自己。

人生活在人群之中，一人一物都是我们生活中的参照物，这必定会给我们的生活带来一些干扰。但，参照物再多，这辈子必须要做的最重要的一件事，就是对自己要有正确的认识，不让自己做出出格的事情，不失控。当你学会不失控时，才是你真正成熟的标志。

不可否认，每一个时代都有迷失的人，现今世界尤其如此，“失控”的人越来越多：有人控制不住愤怒，不分场合地乱发脾气，经常把场面弄得异常尴尬；有人控制不住分神，即便工作的时候也忍不住浏览网页、看看小说；有人没办法按时作息，即便身体过于疲惫也改不掉半夜玩游戏的恶习；有人控制不住自己的购买欲望，即便“赤”字累积成山，也忍不住用信用卡填补内心的虚荣……这些“老少通吃”的毛病几乎随处可见。安东尼·罗宾斯说：“人生成功的秘密就在于懂得如何掌控痛苦和快乐的力量，而不是被这种力量反制。如果能够做到这些，那么你就能够掌握住自己的人生，反之则不能。”同样，大多数时候，人们的失败并不是因为能力欠缺或者是智商平平，而是因为他们没有好好规划、掌控自己的生活。

当我们处于失控状态时，一件鸡毛蒜皮的小事我们也未必能够妥善处理。失控，是人生之大敌。杨澜女士说：“我们虽然不能控制风的方向，但却可以调整帆的方向，达到胜利的彼岸。”只有掌控住了自己手中的风帆，才能够把握住前进的方向，才能够掌控住精彩的人生。

基于此我们编撰了此书，分别从不失控、愤怒、抱怨、欲望、压力、恐惧、社交、爱情、职场等方面进行阐述，每章最后都有趣味性测试，让阅读变得更加生动和灵活。

此外，我们需要认识到，人生如同一个大花园，它既有春天时的鲜花烂漫，也有秋天时的萧条凄凉；既有夏日时的烈焰炙热，也有冬天时的雪花冰霜。人生四季无常，我们没办法控制它的无常，却能够选择抱着一颗成熟之心看待世间变幻、人生起伏。只有这样，我们才不会在事态发展中失去方向，才不会失控，才会在成败之间处之泰然、从容面对。

最后，愿每一位成熟的人儿，在纷繁复杂的世界中依然保持简简单单的心性，远离物欲的控制，远离情绪的控制，保持内心安宁以及对美好事物的热爱和好奇，不紧不慢、不急不躁，慢慢、有序、有质量地生活。

目录

Contents

第一章

不失控，该动脑子的时候别动感情

第二章

人贵有“自制”之明，愤怒之时要忍一忍

第三章

抱怨是往鞋子里倒水，行路会越发艰难

第四章

别拿欲望当理想，收不住心就会落入万丈深渊

第五章

及时给压力松松绑，切勿让一根稻草压死了骆驼

第六章

锤炼心性，我们需要给自己找回安全感

第七章

坏习惯不可怕，可怕的是你控制不了它

第八章

平静并非要躲开喧嚣，而是要在心中筑篱养菊

第九章

没有意志力的人生，一直都在失控

第十章

破译人际交往的情绪密码，暖化人际距离

第十一章

HoLd不住职场，谁也给不了你想要的生活

第十二章

爱情有时脆弱如纸，经不起折腾

第一章

不失控，该动脑子的时候别动感情

世界并没有你想象的那么糟，大多烦恼皆自找

我们唯一能够掌控的时间就是今天，不要利用它来忧愁虚无缥缈的未来，也不要利用它来伤怀过去的昨天。昨天已经过去，明天还未到来，我们应该懂得珍惜最真实的现在。

世间有太多的事情是求而不得的，有很多事情是费了很多力气才求得的，也有很多事情是不管费多少力气都求而不得。当然，也有一些事情是只要求就会有所得的，烦恼就是其中的一例。有人说："如果人们喜欢自寻烦恼，那么他必定会如愿以偿。"人要执意寻求烦恼，世间任何力量都无法阻挡。

"春有百花秋望月，夏有凉风冬听雪。心中若无烦恼事，便是人间好时节。"烦恼时时在，也时时不在，关键在于你心中有没有。心中没有，烦恼自无。奈何，每个人的心并不如我们想象的那样亮堂，它是有长有短、有好有坏、有善有恶的，有人忙着感伤过去，有人忙着哀怨自己，有人忙着抱怨时光，有人忙着埋葬回忆，有人忙着恐惧未来……生命，就在这一来一往之间寻觅呼吸，心灵在一梦一醒之中自寻烦恼。过多的烦恼，让我们陷入了无尽的痛苦、忧愁之中。

比如，明明和自己无关的事情，却偏偏要插上一脚；明明可以远离是非，却偏偏去打听别人的秘密；明明可以不用在意别人的议论，却又忍不住去征求别人的看法；明明没有什么事情发生，却还总是控制不住

地无病呻吟、唉声叹气……在我们的人生日历中，太多的“明明”占据了我们的生活，让我们的生活几乎偏离了预设的轨道，失控坠落到悬崖。

有一个整日闷闷不乐的人。这天，他外出寻找解决烦恼的办法。他来到一片草丛中，看到了一个骑牛的牧童，牧童吹着笛子，笛声悠扬、逍遥自在。见状，他走上前去，问：“你看起来非常快乐，你能够告诉我解除烦恼的办法吗？”

牧童认真地回答：“你只要骑在牛背上，吹吹笛子，什么烦恼就都没有了。”这个人照做之后却依然烦闷无比。他谢过牧童，转身继续寻觅。

没过多久，他来到了一个山脚下，遇到一位独坐的老人。老人面带微笑、面色慈祥，似乎过得很快乐。

他赶忙向这位老人鞠躬，问：“老人家，您看起来如此快乐，能告诉我快乐的方法吗？”

老人问：“你是来寻求解脱的吗？”

这人回答：“是的，还请您指教。”

老人继续问道：“那么，你是被谁捆住了吗？”

“没有人捆住我。”

“既然没有人捆住你，你又何来的解脱呢？”

此人这才幡然醒悟。

大部分时候我们和这个人一样，认为自己一直生活在烦恼之中。这种烦恼并不来自外界，而来自我们的内心，是我们用绳索捆住了自己，把烦恼强加在自己的身上。

世间本无事，庸人自扰之。曾有一项统计数据：生活中 40% 的烦恼属于过去，50% 的烦恼属于未来，而其中未来 50% 的烦恼中，有 92%

都未曾发生过，剩余8%的烦恼大都是可以轻易解决和应对的。换句话说，大部分的烦恼都是自找的。

不过，解除烦恼也并不是一件难事：学会淡泊就能够解除名利的烦恼，学会宽容就能够解除计较的烦恼，学会忍让就能够解除争吵的烦恼，学会感恩就能够解除抱怨的烦恼，学会放弃就能够解除欲望的烦恼……烦恼是一只风筝，绳子在我们的手中。松开这些束缚的缰绳，烦恼自然就没有了。

实际上，快乐本就无关财富、权势、地位、欲望。正巧相反，如果过于在乎这些，反而会让我们陷入失衡、紧张、身心疲惫之中，整日与烦恼为伍。所以，想要轻松自在，就必须扔掉这些包袱，把烦恼抛之脑后，并保持好的情绪和合理的欲望。

没有走不通的路，只有想不开的人。烦恼只是人生的过客，只要你不刻意挽留，它就不会久留；只要你心向阳光，它就会止步不追。当遇到麻烦、不开心的事情时，不妨敢于面对现实，积极寻找解决的办法；对于那些未知的烦恼，就留给明天解决吧。你要相信，心有晴空，即便外界寒冬凛冽、狂风骤雨，你依然可以独享一场春暖花开。

不完美，心灵才自由

完美是种理想，即便让你修改十次也会有遗憾。

《死神》中有句话：“我讨厌完美，一旦完美，就再也没有进步的余地，也没有创造的空间，这代表智慧与才能，都将无用武之地了。你懂吗？对我们科学家来说，完美就是绝望。”其实，不管对于谁来说，完美都是一种绝望，因为这种“求而不得”的模式会让我们的心灵一直处于被撕裂的状态。这种撕裂源于我们对完美的追求：生活是完美的，未来是完美的，工作是完美的，父母是完美的，朋友是完美的，伴侣是完美的，整个世界都是完美的。遗憾的是，世界本不完美，这种现实与想象中的差距，让那些追求完美之人落入了无尽的痛苦失控之中，挣扎扭动。

很多时候，你内心承受的痛苦并不是源于外界并不如你希望的那般完美，而源于你对这种不完美的剧烈抵抗。当你抗拒某种无法改变的事物时，你的情绪自然会被赋予很多负面的能量，让你无法接受现实，太多的执拗让你越挣扎越痛苦。

追求完美是一个陷阱，是一切痛苦的根源。

博比·琼斯是世界顶尖的高尔夫球手，也是美国高尔夫球历史上最优秀的业余选手。早期的琼斯是一个追求完美的人，挥出的每一杆都力求完美，不允许出现一点点的偏差，否则就会瞬间失控，暴怒不已，折断球杆，甚至破口大骂，最后激愤而去。事情多次发生后，其他球员也就不喜欢和他一起打球了，他的球技也很难再提升。

经过一番反思和学习后，琼斯调整了打球时的心态，不再过于追求每一杆球的完美，不管这杆球打得是好是坏，只要尽了全力，不论结果如何，都会把所有的精力放在下一杆球上。一番调整后，他又慢慢赢回了昔日的球友，球技也日渐精湛，成就了今日的优秀球手。对此，他曾说："对于每一杆球一定要有一个合理的期望，不要希冀每一杆球都能够完美发挥，追求稳定、良好，反而更容易取得胜利。"

打球如此，人生更是如此。

追求完美，是人们痛苦、焦虑的根源，就好比初期的琼斯那样，因为追求每一杆球的极致而让自己陷入了坏情绪的循环之中，使朋友远离自己，技艺无法提升。当他意识到问题后，改变了"追求完美"的心态，把注意力放在当下的每一杆球上，控制住打球时的情绪，才又赢回了朋友，提升了技艺。

"金无足赤，人无完人"，优点和缺点是每个人不可或缺的组成部分。过于追求完美，就意味着要把一个活生生的人撕裂，砍去缺点的部分，只留下优点的一部分。毋庸置疑，这肯定是不可能而又痛苦万分的事情。同样，如果你承认自己的不完美后，就能够找回最真的自我，能够脚踏实地地改正错误、提升自己。只有这样，整个人才会变得完整起来。心情得以释放，心灵才能够自由。毕竟，哪怕是一个带斑点的珍珠，也有其不可取代的价值。

况且，世间并不存在绝对的完美，"月有阴晴圆缺，人有悲欢离合"，每件事物都是有两面性的。完美的追求必定不会达到期望的结果，那些执意改变既定事实之人就会掉入痛苦、烦恼的沼泽，在挣扎之中陷得愈来愈深，把自己的生活搅得黯淡无光，没有了色彩。与其如此，倒不如坦然接受“不完美的世界”，学着用完美的眼光欣赏不完美。

花有花的芳香，土有土的味道，人有人的激情。世间万事万物，都没有一个完美的标准，我们要学着接受不完美，欣赏不完美，才能够领略到生活的风采，才能够感受到日子的美好和充实。

悲观是种瘟疫，会让人生变得面目全非

在悲观之人的眼中，那些天边的彩云上总是悬挂着一颗黑色的灾星。

悲观是一种瘟疫，让人生变得面目全非；悲观是一种鸦片，侵蚀人的身体，迷乱人的心智。人，可以偶尔悲观，但决不可将悲观当成人生的家常便饭，一旦让悲观的情绪占据了身心，人生就如枯槁，没了盼头和希望。人的一生，沉浮是常事，不会永远和太阳并肩，也不会永远和痛苦为伍。浮浮沉沉，正是一个人正常的成长轨迹。所以，浮在水面的，不要骄傲；沉在水底的，也不必悲观。

CNN 的创始人、美国传媒大亨特德·特纳 6 岁时，“二战”爆发。身为海军的父亲，为了锻炼特纳的独立性，他带走了妻子和女儿，只把小特纳留在某军事院校。他这个“外来者”似乎并不受小朋友们的欢迎，他们把他称为“可怕的特德”。一段时间的努力后，特纳并没有改变同学的看法，他的童年几乎一直生存在恶意中，这也让他产生了悲观情绪，

并在很长一段时间内陷入了自我怀疑中。

特纳的悲观情绪和他的父亲不无关系。在他父亲看来，在严酷环境中生存能够锻炼人的意志，所以在教育小特纳的时候，都以暴力手段为主，让特纳吃尽了苦头，埋没了自信。特纳喜欢帆船运动，本想考一个临海的大学，但却在父亲的压迫下进了一所常青藤学校学习经济学。自此，他开始荒废学业、饮酒打架，最后被学校开除。这种情况一直持续到父亲自杀，他接手父亲的广告公司为止。

父亲因债务问题自杀后，特纳接手早已千疮百孔的公司。此时，没了父亲的“暴力教育”和压迫，悲观的特纳才算又慢慢建构起自己的自信心：他力排众议，买下了所有人都不看好的资产——亚特兰大的一家破产电视台和另一家破产的17频道；用智慧击退了想要吞并公司的大佬……毋庸置疑，父亲的死对于特纳在某种程度上是一种解脱，让他慢慢从悲观情绪中走出来，不再自暴自弃，开始变得积极向上、自信有为。

《读者》中有这么一段话：希望是什么？悲观者说：是地平线，就算看得到，也永远走不到。乐观者说：是启明星，能告诉人们曙光就在前头。风是什么？悲观者说：是浪的帮凶，能把你埋葬在大海深处。乐观者说：是帆的伙伴，能把你送到胜利的彼岸。生命是不是花？悲观者说：是又怎样，开败了也就没了。乐观者说：不，它能留下甘甜的果。

乐观者低头“青草池边处处花”，抬头“百鸟枝头唱春山”；悲观者则是低头“风过芭蕉雨滴残”，举目则是“黄梅时节家家雨”。诚然，人活一生，难免会出现一些悲观情绪，会受到悲观情绪的侵扰。不同的是，有些人被悲观情绪控制，让它浸染了身心，失去了行动的能力；有的人则用行动和良好的心态抵御悲观情绪，为生命争得最大主动权。

更加重要的是，社会犹如一口大熔炉，如若没点抵御悲观情绪的能力，是无法在里面生存的：理想、工作、学习通通被倒进里面烤炼，烤炼的时间久了，对于那些自控力差、承受力差的人来说，奋斗的勇气、热情，多年坚持的理想和梦想，也都慢慢在这口熔炉里崩塌，理想开始幻灭，悲观、失望接踵而来，开始放弃追求的理想，甘愿顺着社会大流，成为一名平庸者。

所以，学着乐观，学着用行动赶走悲观。不管遇到什么事情，你都应该利用自己的力量站起来，去构建强大的内心，别让悲观控制了你的生活。赶走悲观情绪，才能够以更勇敢、慈和、宽容的心态面对人生。

任何行为都是情绪的结果

控制情绪的能力，直接决定着事情发展的结果。

“飓风起于青萍之末”，意思是说大的问题往往起源于一些微不足道的小事情上；又说“星星之火可以燎原”，小的事情亦可以酿成大的变化。之于我们人类来说，情绪是我们行动的原动力，它决定着我们会得到怎样的结果。

韩信辅助汉高祖刘邦打败项羽，建立西汉王朝，被封为楚王，深受刘邦的器重。如果就这样走下去，生活自然无忧。可惜，他却因为一时的情绪惹来杀身之祸。

钟离昧曾是项羽的部下，项羽溃败后投奔到韩信府上。刘邦要求韩信交出钟离眛，韩信自认无罪，但又不知道该怎么办。有人提议杀掉钟离眛，以示忠诚，韩信又犹豫不决。最后钟离眛悲愤自杀，韩信也因此被刘邦降为淮阴侯。

此事引起了韩信的不满，经常称病不出，满腹埋怨。埋怨多了，就加深了刘邦的猜忌。汉高祖十年，刘邦带军平叛，韩信以病为由不随军出征，让刘邦对他更是不放心。当时，韩信想要处死一名家臣，家臣的弟弟先下手为强，上书吕后称韩信谋反。最后，在萧何的帮助下，在长乐宫杀掉了韩信。

韩信从未有过造反之心，却因为一时的情绪而做出了种种令刘邦猜忌的行为，惹来杀身之祸。其实，以他的功劳，只要不犯太大的过错，应该能够安享人生，但因一时没有控制住自己的情绪而丧失了生命。和韩信相比，唐代军事家李靖要聪明多了。

李靖，是个雄才。李靖一辈子东征西讨，为大唐立下了汗马功劳。然而，能力高者易惹人妒，李靖刚刚消灭了大唐劲敌东突厥，还没来得及庆功，就被御史大夫萧瑀诬陷他治军无方，纵容士兵抢夺珍宝。唐太宗亦是一个有大智慧的君主，他了解李靖的为人，便直接驳回了萧瑀的上书。但，又把李靖叫来，狠狠训斥了一番。李靖连连道歉，毫无委屈、不服之色。

其实，李靖并不是不委屈，明明立了大功，不仅没有受到奖赏反而挨了一顿训斥，不管是谁肯定都会有不满的。不过，李靖是个聪明之人，他把情绪控制在心里，没有做出不妥的行为。一段时间后，唐太宗叫来李靖，赦免了他的罪过，加封他为左光禄大夫。没多久，唐太宗再次加封李靖为尚书右仆射，这也是唐朝最高的官阶。

和韩信相比，李靖无疑是聪明的。他在受到污蔑、不公时，并没有听从“情绪”的安排，如韩信一样牢骚满腹，而是不动声色，以平常之心面对官场沉浮，赢得了唐太宗的信任，打消了唐太宗的疑虑。

小情绪，人皆有之。控制情绪的能力直接决定着事情发展的结果。遭遇同样的事情，引发同样的情绪，处理方式不同，带来的结果也不相同。不管你是怎样的性格、处于怎样的社会地位，都无法逃开情绪的支配。要想得到好的结果，就必须学会用合理的方式处理你的负面情绪，别让它扰乱你的行为。

控制住情绪，得到良性结果；控制不好情绪，进入恶性循环。何去何从，就在于我们的一念之间。

心中怀有光明灿烂，乌云自会远遁他乡

决定一个人心情的并不是环境，而是心境。

人的心是很没有道理的，它既没有一个固定的模式，也没有什么原则。差不多大小的心，有的盛满了毒药，有的装满了蜜糖；有的种满了鲜花，有的贫瘠成荒芜；有的洒满了阳光，有的布满了阴霾；有的因为一场春雨而莫名惆怅，有的因为一朵蜡梅便心情昂扬……柏拉图说：“决定一个人心情的并不是环境，而是心境。”心境决定你的处境。心境好了，即便身处沙漠，心中自有一道彩虹；心境不好，即便身处繁华，亦是一片凄凉。

一个人的心情不该随着环境的变化而变化，不管是身处乱世还是盛世，不管是逆境还是顺境，我们都不应该向环境妥协，应该让自己的心境如松柏那样挺立，如山峰那样伟岸，风吹不动，雨打不倒。

曾经看过俞敏洪写的一篇文章，文章里面说到了两个小故事：

第一个故事，俞敏洪曾在黄河边散步，黄河的水很混浊，他将手中空空的矿泉水瓶装满了黄河水。刚开始装进去时，透过瓶子的水你几乎什么都看不到，整个世界都是灰蒙蒙的，他准备将这个瓶子拿回去做个纪念。接着，他把矿泉水瓶放在原地，自己则绕着黄河走了一个多小时后回来，发现瓶子里五分之四的黄河水已经变得非常清澈了。如果没有瓶底一小部分的泥沙，人们会误以为它就是一瓶矿泉水。

对此，俞敏洪说，生活中的幸福和痛苦都是一样的，只是我们的心境不同而已，如果我们没办法用平和之心去面对生活中的不如意，那么就如刚开始的那瓶混浊的黄河水，越搅动越混浊；相反，如果你能够以平和心境面对这些，那么我们的生命也会如同沉淀下来的黄河水，能得到五分之四的纯净和幸福。

另一个故事。俞敏洪在美国认识一个出租车司机，他一直埋怨自己不如他人聪明，只能开出租车维持生计。每天除了带着不好的情绪工作，就是带着不好的情绪和老婆吵架。在他眼中，世界已经完全抛弃了他。直到有一天他看到了一个节目，节目中说一个人的心境决定着环境，并提供了一系列的建议和方法。这个司机便依照建议尝试改变自己。渐渐地，他记住了客人爱听的歌曲，记住了客人爱看的杂志，偶尔还会为客人准备一杯热腾腾的咖啡。他的生意越来越好，赚钱也越来越多。此时在他看来，全世界的人都成了他的恩人。

自此，牢骚没有了，不满的情绪没有了，随之而来的是心境的美好和人生的幸福。

你看，心境改变了一个人的处境。

人活在世，总要在社会、自然中生活，总要经受狂风暴雨、鲜花烂漫。顺境可以让人成功，也可以让人堕落；逆境可以让人消沉，也可以让人奋进，关键就在于你的心境，而非环境。生活过的从来都不是环境，而是心境。有什么样的心境，就能够收获什么样的心情，就能够收获到什么样的生命。不管你是伐木工还是白领、企业家，只要对生命抱着美好的愿望和期待，就能够随同明天的太阳一起前行。

芝兰生于森林，不以无人而不芳；君子修以德，不为穷困而改节。心境可以改变环境，如若心中有花，无处不是春天；如若心中有阳光，即便骤雨也婀娜。

请记住，切勿花开就喜，花落就愁。

1%的坏情绪，导致100%的失败

在所有对人不利的影响中，最让人短命或者是丧气的要数不好的情绪和卑劣的心情了。

在人生路上，我们最大的敌人不是机会匮乏，或是资历浅薄，而是对我们自身情绪的控制。悲伤时无法抑制住内心的悲伤，愤怒时不能控制内心的怒火，恐惧时无法战胜黑暗的魔鬼，让周围之人望而却步，让亲爱之人伤心忧愁，让自身承受烈火的煎熬。当然，控制情绪并非是苛求你一辈子都拥有好情绪，而是在坏情绪来临时，懂得自持和自制，懂得调节和控制。一个成熟之人，并不是没有坏情绪的人，而是能够控制、调节自己情绪的人。

日本有一则传说，一个好斗之人向禅师请教天堂与地狱的区别，禅师很傲慢地对他说："你只是一个粗鄙之人，我哪有时间和你说话。"这人恼羞成怒，剑指禅师说："你这个人真是无礼，我要杀了你。"禅师这才解释说："你看，这就是地狱。"这人明白了禅师的用意，把剑收起来，情绪也稳定下来。禅师接着说道："这就是天堂。"

人处于坏情绪时，智商为零，此时的人犹如大海中被狂风大浪凌虐的扁舟，丧失自我，失去了控制，把事情搞到最糟糕的地步。在现实生活中，很多的失败、失控大都不是因为一个人的能力不济、时运不佳，而是因为他们缺少了自控的能力，输给了不成熟的情绪。要知道，一个不成熟的人，即便让 1% 的坏情绪失控，就有可能导致 100% 的失败。

1965 年 9 月 7 日，在纽约举行了世界台球冠军争夺赛，路易斯·福克斯是当时争冠的热门人物。可以这么说，只要他发挥正常水平，就可以轻而易举地把冠军宝座收入囊中。可是，他的王冠却被一只苍蝇“夺”走了。

比赛过程中，一只苍蝇落在了主球上，他赶走苍蝇后准备击球，谁知苍蝇仿似和他较上劲一般，又落在了主球上。无奈，他只好再次把苍蝇赶走，苍蝇飞过来，他再赶走……反反复复，惹得观众哈哈大笑。

这只苍蝇彻底惹怒了路易斯，当苍蝇再次落到主球上时，他愤怒地用球杆击打苍蝇，球杆触碰到主球，裁判判他击球，这让他失去了一次机会。他的对手约翰·迪瑞士气大涨，超常发挥，成绩超过路易斯，夺得本次比赛的冠军。路易斯心情低落到了谷底。第二天，人们发现了他的尸体：他投河自杀了。

一个被苍蝇“杀”死的世界冠军，不仅让人惋惜，更让人深思。

路易斯的失败并不是他的能力不够，而是因为他没有控制好自己的情绪，让坏情绪影响了发挥，和胜利失之交臂，最后还搭上了自己的性命。富兰克林说：“愤怒开始于愚昧，终结于悔恨。”一个无法控制自己情绪的人，不仅不会赢得事业上的成功，更会把生活搞成一团乱麻，让自己在悔恨中度过一生。

明代吕坤说：“天地万物之理，皆始于从容，而卒于急促。事从容则有余味，人从容则有余年。”万事淡定，才是处理情绪的最佳方式。

情绪虽变化多端，只要我们不听之任之，能够积极主动地控制情绪、改变自我，就能够掌控住自己的命运和人生。

心灵之窗，不经常打扫就会落满灰尘；情绪之门，不经常打扫亦会变得灰暗和迷茫。开心、不开心，是我们每天都要经历的情绪过程，都会在我们的心里生根发芽。事情多了，我们的心也就会跟着乱起来；不愉快的记忆多了，会让我们的情绪萎靡不振。所以，我们要懂得控制坏情绪，让蒙尘的心亮堂起来。

测试 你的情绪稳定吗？

根据自身情况选出合适答案，依照计分方法得出最终结果。

1.你对自己最近一次拍摄的照片有什么想法？

A.不满意　　B.感觉挺好　　C.还可以

2.你是否经常担忧若干年之后的事情？

A.经常　　B.从来没有　　C.偶尔

3.你曾被朋友挖苦、嘲讽过？

A.经常　　B.从来没有　　C.偶尔

4.你经常担心门窗没有关好之类的事情？

A.经常　　B.从不担心　　C.偶尔

5.对于和你关系比较亲密的人，你对她是否满意？

A.不满意　　B.很满意　　C.基本满意

6.夜深人静时，你经常会感到害怕吗？

A.经常　　B.没有　　C.很少

7.你经常被噩梦吓醒？

A.经常　　B.没有　　C.很少

8.你曾经好几次都做同样的梦？

A.有　　B.没有　　C.很少

9.你有没有对一种食物很厌恶，吃了就会呕吐？

A.有　　B.没有　　C.不清楚

10.你心里是否还住着另外一个世界？

A. 有　　B. 没有　　C. 偶尔

11. 你是否曾想过自己不是父母亲生的？

A. 经常　　B. 没有　　C. 偶尔

12. 在你心里，总觉得有一个人是爱你或者是尊重你的？

A. 是　　B. 不是　　C. 不清楚

13. 你经常认为家人对你并不好？

A. 是　　B. 不是　　C. 偶尔

14. 你觉得世间没有人了解你？

A. 是　　B. 不是　　C. 不清楚

15. 早上起床后，你的感觉是什么？

A. 忧郁　　B. 高兴　　C. 不清楚

16. 你对秋天的感觉是什么？

A. 枯叶遍地　　B. 秋高气爽　　C. 不清楚

17. 站在高处时，你总有一种站不稳的感觉？

A. 是的　　B. 不是　　C. 偶尔

18. 你经常觉得自己很强壮？

A. 不是　　B. 是　　C. 不清楚

19. 一到家，你就会锁上房门？

A. 是的　　B. 不是　　C. 不清楚

20. 如果你身处一个封闭的小房间内，你是否会感觉不安？

A. 是的　　B. 不是　　C. 偶尔

21. 你做决定很难？

A. 是的　　B. 不是　　C. 偶尔

22. 你喜欢用抛硬币、抽签之类的游戏占卜吉凶？

A. 是的　　B. 不是　　C. 偶尔

23. 你是否经常被某种东西绊倒？

A. 是　　B. 不是　　C. 偶尔

24. 你很难入睡，或者是醒得比较早？

A. 经常　　B. 从不　　C. 偶尔

25. 你通常能够察觉到别人察觉不到的东西？

A. 经常　　B. 从不　　C. 偶尔

26. 你认为自己有超乎常人的能力？

A. 是的　　B. 不是　　C. 不知道

27. 你曾经认为有人跟踪你，并且为此心神不安？

A. 是的　　B. 不是　　C. 不清楚

28. 你认为有人经常注意你的言行？

A. 是　　B. 不是　　C. 不清楚

29. 一个人走夜路时，通常觉得前面很危险？

A. 是的　　B. 不是　　C. 偶尔

30. 你对别人自杀有什么看法？

A. 理解　　B. 不可思议　　C. 不清楚

计分方法：

A.2　B.0　C.1

测试结果：

0 ~ 20分：情绪很稳定，自信心比较强，美感、道德感、理智感比较强。社交能力很好，可以理解别人的心情，是个顾全大局的人。

21 ~ 40分：情绪基本稳定，但性格过于深沉，对待事情过于冷静，处事有些消极，对自己的个性发挥不利。

41 分以上：情绪极为不稳定，烦恼太多，几乎处于紧张和矛盾之中。

50 分以上：很危险，最好请求心理医生的帮助。

第二章 人贵有『自制』之明，愤怒之时要忍一忍

别愤怒于别人的看不起，你应该努力活出个样子

如果一件事情，世界上大部分的人都在承受和经历，那就称不上是什么艰难、困苦，只要我们足够努力和用心，就能够克制怒气、征服世界。

有人说："世间最深沉的智慧和人格都是沉默的，最伟大的力量都是隐忍克制的。"愤怒，是攻心之火，如果一时克制不住，就会把自己焚烧毁灭。与其如此，倒不如将愤怒化为动力，用努力赢得海阔天空。

努力、行动是很平常的字眼，但只有竭尽全力的人，才有资格去谈论。毕竟，没有经过暴风雨的洗礼，就不足以谈磨难；没有经过百折不挠的努力，就不足以谈未来。很多人愤懑自己的命运不好，那只是你每天比别人起得晚、不专心、不努力而已。如果一味地把自己的失败归结于外界，你连成功的入场券都拿不到。所以，当你因为"时运不济""他人嘲讽"而生气时，不如放下愤怒，寻找"不济""嘲讽"的原因，用努力战胜怒气，胜于被怒气毁掉未来。

亨利·福特早期做修车工时，曾遇到一件让他一生难忘的事情。

有一天，福特拿着刚刚领到的薪水，高高兴兴地走入一家高级餐馆，想要好好犒劳自己。谁知，他在座位上等了十几分钟都无人理会。最后，终于来了一个服务员。福特刚想开口，只见这个服务员很不耐烦地将菜单扔在他面前。他刚翻了一页，服务员又轻蔑地说："先生，对于菜品，

我建议您可以不用浏览得太认真，您应该认真看看右方的价格一栏。”福特有些愤怒，他气愤地盯着服务生，但服务生还是一副无所谓的表情。

福特想要点个最贵的菜品反击服务生的无礼，但一想到要花费自己半个月的工资，便克制住了心中的怒火，没有理会服务生的挑衅，只点了一个很普通的菜品。服务生的态度给了福特很大的打击，他暗下决心，以后一定要成为一个让别人不敢轻视的人，想要吃什么就吃什么，不再考虑价格。抱着这一决心，他更加努力地工作，最后成为享誉世界的汽车大王。

现实生活中，当听到别人的嘲讽时，我们多多少少会生起一些愤怒的情绪。如若处理不好，很有可能会让你的行为失控，做出伤人伤己的事情。此时，我们可以像福特一样，将心中的怒火转化为前进的动力，将“嘲讽”这件不幸的事情，转化成对我们人生有益的种子。这样一来，我们不仅保全了自己的尊严，也是给那些嘲讽我们的人最有力的回击。毕竟，经过千锤百炼的黄金，会越发有光泽。如果没有别人对我们无情的打击，我们或许还无法变得越来越强壮。

愤怒是无助的一种表现，因为暂时无法摆脱困境，所以会出现愤怒的情绪，这是情理之中的事情，并非不可原谅。但如若不能及时控制住愤怒的闸门，让愤怒连绵不绝地持续下去，造成不可挽回的后果，这就是愚者的行为了。

所以，别愤怒于别人的看不起，你应该努力活出个样子。当面对困难或者是别人的嘲讽时，与其选择怒气冲冲，不如静心努力，用努力证明结果，用行动化解怒气。失败了，爬起来，坚定不移地继续前行，前方纵然还有很多沟壑，纵然还有很多无法避免的失败和跌倒，但只要我们抱着一颗努力之心，化怒气为努力，那么每一次的跌倒都只会让我们变得更加坚强，每一步铿锵有力的步伐只会让我们变得更加乐观和积极。

愤怒是万恶之源，它让罪恶走在了理智前面

愤怒，是以愚蠢开始，以后悔告终。

《孙子兵法》中云：“主不可以怒以兴师，将不可以愠而致战，合于利而动，不合于利而止。”意思是说，君主不能因为一时的愤怒而出兵打仗，将领不可以因为一时的愤怒而与敌交战，符合利益可动，不符合利益就要懂得停止，这才是最理智的行为。三国时期，刘备为替关羽报仇，不听诸葛亮、赵云等人的苦口婆心，执意出兵东吴，结果一败涂地，几万蜀军为国捐躯，刘备退守白帝城，悲愤之下，一命呜呼；中东战争时，以色列将领阿萨夫·亚古里受前三次进攻失败的影响，恼羞成怒，孤注一掷，惨败收场；八十多岁的托尔斯泰因一时气愤而离家出走，几天后，这位文坛巨匠在一个荒凉的小车站病逝……古今中外，这种事例数不胜数。

现实生活中，亦有很多人因为一时的矛盾或冲突，脑袋发热，让愤怒占据了理智，酿成无可挽回的事实。

奥兰多海盗队和凯泽尔酋长队曾是热极一时的足球夺冠热门。2001年4月16日，两支球队在南非约翰内斯堡比赛，当时，两队比赛的场馆最多可容纳7万人，但组织者却售出了12万张门票。

比赛开场前的一个半小时，赛场座无虚席，可从四面八方赶来的球迷依然络绎不绝。警察见情况不妙，便锁住了入口大门，将其他手持门

票的球迷关在门外。可即便是这样，球迷们依然没有放弃，入口处的球迷愈来愈多。比赛开始，酋长队先得一分后，海盗队加紧攻势，扳回一球。场上赛事由场内人通过扩音器传到场外，场外球迷沸腾，开始拼命挤向入口，希望能够冲开大门；有的甚至爬上铁门，想要跳入赛场。警察劝阻不了，只好释放催泪弹来维持秩序。

谁知，这更激起了球迷的反抗，现场情绪越来越激烈，场面开始濒临失控，空中弥漫着可怕的愤怒之火。终于，铁门被球迷挤倒，前排球迷摔倒在铁门上，未来得及站起，便被后方球迷踩踏而过。这次事件造成近 50 名球迷死亡，160 多人受伤，最小的死者只有 12 岁。悲痛像个铁罩一样笼罩在南非上空，4 月 16 日也成了南非足球史上最为黑暗、凄惨的一天。

除了南非，苏格兰足坛史上也发生过类似的事件。苏格兰格拉斯哥流浪者队力战凯尔特人，两队球迷一直冲突不断，比赛时因言语不和引发肢体冲突，看台上因此摔倒、遭踩踏的球迷数以百计。这场事故造成 66 人死亡，150 多人受伤，成为苏格兰足坛史上最惨烈的德比战（同城运动队之间的比赛）。

纵观这两起事件，愤怒成了万恶之源。因为愤怒，我们无法掌控自己的情绪；因为愤怒，我们无法控制自己的行为；因为愤怒，让罪过走在了理智前面；因为愤怒，酿成了无可挽回的惨剧。

面对挑衅、不公、嘲讽时，和颜悦色、忍耐退让被多数人贴上了“懦弱无能”的标签，殊不知，这正是大智大仁者的表现。遇事多忍耐一些，局面就不会失控。压制住怒火，是解决问题的前提，是一种负重拼搏的能力。

愤怒，生命不能承受之重。要想成就大事，必先抑制愤怒。

生气不如争气，翻脸不如翻身

愚蠢之人只会生气，聪明之人懂得争气。生气不如争气，翻脸不如翻身。

人生中，有顺境自然就有逆境，有受宠自然就有受辱。“宠”，是令人高兴之事；“辱”，也并非不能改变之事。顺逆皆由心，宠辱皆由行。但很多人却把不好的境遇归结在别人身上，让别人对自己不好的结果负责，一副誓为尊严奋战到底的样子。这就有些本末倒置了。俗语说：“人争一口气，佛争一炷香。”世界上并没有过不去的火焰山，与其把时间和精力拿来生气，不如增强自己的实力。生气没有一点用处，对“侮辱”的最佳反击不是生气，而是要争气。

2016年的里约奥运会发生了一件让人很不愉快的事情。我国游泳健儿孙杨在400米自由泳决赛中，以0.13秒之差错失金牌。然而让人气愤的是，此次金牌获得者——澳大利亚选手霍顿对孙杨公然讥讽、污蔑，称他为“嗑药的骗子”，事后丝毫无悔过之意。一时间，网络上议论纷纷，众多网民为孙杨打抱不平，纷纷指责霍顿的小人行径。

面对霍顿的挑衅，孙杨并没有愤怒，而是很有风度地回应说：“我希望来到这里参加奥运会的每一个人，都能得到应有的尊重。没必要用这种小伎俩来影响对方。”孙杨用自己的大度和成熟赢得了中外观众、媒体的尊重，在这一场比赛中，孙杨输了金牌赢在人品，虽败犹荣；霍顿虽获得了金牌，但赢得并不光彩。

之后的里约奥运会男子200米自由泳决赛中，孙杨不负众望，赢得该项目的金牌。而这就是对霍顿最好的回击。

面对霍顿的挑衅和污蔑，孙杨并没有愤懑不已，而是把全部的精力投放到下一场的比赛中，当他拿到金牌时，就是对外界质疑以及诬蔑的最好回应，也是对霍顿不实言论的最好反击。所以说，与其生气倒不如争气，把生气的时间用来努力，你的人生必定会越变越好；如果把争气的时间拿来生气，你的人生就会变得越来越糟。

光线传媒当家花旦柳岩，玲珑性感，长相甜美，是宅男的梦中女神，是主持、拍戏两不误的新一代女星。柳岩从出道以来，在她身上的流言就从未断过。在演艺圈内，“性感”几乎成了柳岩的专属标签，她艳光四射，被誉为“新四大美女”，有着中国魅力人物榜之“妖娆之魅”的称号，和谢楠、大左合称为“光线三宝”。

在这光芒四射背后，亦有委屈流言缠身。柳岩初出道时，和吴宗宪搭档主持《周六乐翻天》节目，因为年轻又缺乏经验而被台湾地区的制作人羞辱：“宪哥是全才，欧弟非常善于模仿，能唱能跳，而你什么都不会。像你这样的主持人，我们台湾年轻人走在街上，随便抓一个都比你主持得好，如果不是陕西卫视要用你的话，你就是跪在我面前，舔我的脚指头我也不会要你。”这句话对于一个女孩子来说已然是很严重的侮辱和羞辱。针对职业批评有道理，但上升到人格侮辱，让人很难不生气。

不过，面对制作人极其无礼而又有失人格的言行，柳岩并没有发怒，大哭一场后继续坚定、努力地向前走，最后成为新一代“性感女神”。

如果生气可以解决问题，世界上就没有“失败”二字了。以生气应对挑衅和侮辱，是一种愚蠢的行为。所以，当受到侮辱时，请把愤怒之火转化成积极向上的力量。你要相信，当你比别人强一点点时，他可能还会污蔑你；但当你比他强太多时，他就只能钦佩你。

将自己看得轻点儿，没人有义务帮你消化愤怒

不要和消耗你的人在一起，更不要做消耗别人的人。

情绪是有味道的，愉悦的时候像蜜一样甜，说出来的话都是甜的；苦闷的时候像黄连一样苦，连呼出的气息都是苦的；委屈的时候像一串酸葡萄，从眼睛酸到了心底；愤怒的时候像火辣辣的红辣椒，从身心辣到了空气……情绪是有好坏的，好情绪犹如浓郁的咖啡，香飘满屋；坏情绪犹如密布的乌云，愁云惨淡，沉重压抑。

愤怒，会烧掉我们心中最后一丝理智，会引诱我们犯下更大的错误。愤怒，是地狱之火，一旦喷发，将会把一切美好化为灰烬。我们应该学

着控制它，更不能让愤怒之火烧到其他人的身上。毕竟，在这个世界上，没人有义务帮你消化愤怒。所有人都喜欢一个积极向上、充满正能量的人，讨厌一个精疲力竭、整日暴躁的人。成熟的人，应该懂得适时闭上自己的嘴巴，懂得自我排解，切勿将怒火传递给别人。

为了生计，他从埼玉县立春日部工业高中毕业后又读了半年技术学校便草草辍学了，一边打工赚钱，一边坚持自己喜欢的漫画创作。1985年，27岁的他以《不良百货商场》出道，但收到的反馈并不好。1990年，他的一部连载作品被一家出版社相中，想要出版漫画集。这个消息让沉寂多年的他很是激动，认为自己的作品终于得到了认可。可惜，高兴还未散去，失望接踵而来。漫画集因为种种原因没能出版。

这天，他的朋友前来探望。提起这件事情，他气得咬牙切齿，双拳紧握，不时在空中挥舞。好友很理解他现在的情绪，闯荡多年，尝遍人世辛酸，事业好不容易有点起伏，却碰到了这样令人不快的事情。他越想越生气，这本漫画集不仅仅关乎到他的前途，更是关系到他的生存问题。原本指望着可以凭此弥补囊中羞涩的局面，谁知最后空欢喜一场。前后的落差，让他的愤怒达到了顶点。

就在这时，一位慕名前来拜访他的年轻人打破了局面。好友看了看他目前的状况，很为年轻人担忧，生怕他会做出什么不理智的举动。他把年轻人迎进屋，三人坐在沙发上闲聊起来。令好友不解的是，刚才还犹如抱着一个火药桶的人，正面带微笑、表情亲切地坐在沙发上，和刚才判若两人。

他耐心地指导年轻人绘画方面的技巧，说得高兴了，还撸起袖子亲自上阵比画。年轻人听懂了，他比年轻人还高兴。聊天持续了很久，整个过程和谐而又快乐。年轻人离开后，好友说道："开始我还担心，你的怒火会不会烧到这个无辜的年轻人，现在看来是我多虑了。”他回答说：“那个时候我确实很愤怒，但是愤怒之火绝不能传染给别人。第一，别人是无辜的，他没有责任来分担你的怒火；第二，当你的怒火牵连到别人时，自己或许会轻松一些，但也会因此得罪了他人，为之后的生活埋下隐患。这可是非常不明智的举动。”

不管是他成名之后还是贫困潦倒之时，人们都很难看到他发怒的样子。在人们心里，他为人亲切和蔼，人缘极佳。

他就是日本著名漫画家、《蜡笔小新》之父臼井仪人。

梁实秋说：“血气沸腾之际，理智不太清醒，言行容易逾分，于人于己都不宜。”愤怒是最具有破坏力的情绪，很多人都会被愤怒冲昏头，把怒火强加到无辜的人身上，进而引起新一轮的矛盾和攻击，伤害了别人的情感。

所以，当你愤怒的时候，要注意用理性控制住行为，别把自身的情绪带给别人，不要做出日后后悔的事情。

放下仇恨的枷锁，才能够遇见骤雨之后的晴空

仇恨，性寒，极苦，刺鼻，一旦它腐蚀了心灵，就会催生一场又一场惊天动地的爆炸。

仇恨是世间最毒的毒药，无形中它会腐蚀人的精神，改变人的面貌，扭曲人的心灵。仇恨是一座水牢，牢内的人忍受着黑臭的污水，呼吸着发霉的空气，承受着痛苦……灿烂的阳光会因为乌云暗淡，艳丽的鲜花会因为霜雪打蔫儿，乐观的心态也会因为仇恨蒙上阴霾。仇恨，仇人损己，恨人损心。不可否认，我们难免会遇到一些无法释怀、难以忘记的事情，会碰到一些不想宽恕、无法宽恕的人，包括我们自己。但如若就这般把自己困在牢里，不仅会苦闷了自己，更会伤害了家人。

沈肯尼在《破碎的时光》中说："时光是伟大的魔法师，它能让你治愈伤害，能让你遗忘仇恨，能洗刷掉你身上那些所谓刻骨铭心的痛。所以，在我遭遇生活重创的这些日子里，我决定把自己交给时间托管。"时间能够治愈伤口，能够让很多不如意的事情随风飘逝。但是，总有一些事情是时间无法愈合的，甚至有些事情会随着时间的流逝而愈发的沉重和悲戚。这个时候，除了依靠我们自己的自控力和自我排解能力，似乎并没有其他救赎的方法。

2016 年 8 月 26 日，"白银连环杀人案"破案的消息一经传出，振

奋了我们所有人。这桩长达 28 年的悬案终于落幕，嫌犯高承勇被逮捕。一时间，白银市大街小巷放起了鞭炮，穿起了红衣。人们奔走相告，相互庆祝……有一个家庭，这二十多年来一直生活在指责和自责中，他们相互怨恨着，又自我惩罚着。“白银案”的告破再次把这个家庭推向了 28 年前那个痛苦的深渊……

“小白鞋”是这起案件的第一个受害人。那天，她练完舞蹈后回到自家后院的屋子休息，嫂子则在前院的主屋里陪着小侄子。事情发生后，她的母亲怪罪于儿媳，认为前后院几十米的距离，儿媳必定可以察觉到什么，但却没有救自己的女儿；她的父亲是最后一个得到消息的，父亲狠狠打了二儿子一个耳光，怒斥说：“不好好待在家里，跑出去做什么！”原来，二儿子那天原本休息，但他却临时和同事换了班。在父亲看来，如果二儿子当时在家，或许女儿就不会遇害了；亲戚中，有一个和女儿很要好的女孩，女儿出事后，女孩自此精神失常，直到现在，说话依然不是很利索；在一次争吵中，“小白鞋”的父母离婚。自此，亲人们几乎不再往来。

“小白鞋”的不幸，让这个原本完整的家庭整日困于相互怨恨之中，让整个家都处于分崩离析的状态：婆婆怨恨儿媳，父亲怨恨着二儿子。更雪上加霜的是，二儿子因为姐姐的离世患上了抑郁症，第二年吃安眠药自杀。

这些年，家中的每个人都好像失了魂一般，始终没办法解开心结，无法原谅彼此。“小白鞋”的侄子说：“爷爷奶奶，爸爸妈妈，他们之间就是无法互相原谅，明明谁也没有做错什么，明明他们也都是受害者。他们不原谅对方，也不愿意原谅自己。”直到奶奶去世，她都未能原谅儿媳。

嫌犯被抓的消息，让这个失控很久的家庭慢慢扭转过来。“小白鞋”的大哥说：“过去这么多年了，应该让它彻底过去了。我不想再让家人因此而受折磨了。”对于他们来说，案件的破解，让他们终于可以放下仇恨，饶过亲情，放过自己了。

不可否认，灭绝人性的罪犯给这个家庭带来了几乎毁灭性的打击，他当然可恨、可恶、可耻。但有一点不可忽视的是，如若在“小白鞋”遇害之后，家人之间能够相互取暖，不互相怨恨、指责的话，或许之后的更多悲剧能够避免。可惜，他们对自己以及他人的指责和埋怨，使整个家庭变得支离破碎、分崩离析，原本应该相互取暖的亲人开始把彼此推得越来越远，背着重负前行，把自己主动送到仇恨的木桩上，用盐水不断鞭笞着伤口，让家人伤上加伤、痛上加痛，熬干了所有人对生活的激情和信念。而今，罪人已经得到应有的惩罚，迟来的正义给了这个家庭些许慰藉。只希望他们能够就此走出“互相折磨”的生活模式，用余生的时光，带着“小白鞋”的欢笑继续生活下去。

仇恨就是一面变形的镜子，蒙蔽人的眼睛，会让伤害变得更深重，让无辜变得更无辜。不可避免的是，人生百年，我们会碰到相助的贵人，也会遇到阻路的恶人。一旦中了恶人的圈套，让仇恨占据心灵，被仇恨控制，日子过得自然就会艰辛困苦。不如学着放下怨恨，宽恕自己也宽恕别人，人生之路才会愈走愈宽，才能够避免更深层的伤害。

只有懂得放下仇恨的枷锁，才能够遇见骤雨之后的晴空。

测试 你能够控制住愤怒的情绪吗？

愤怒这种情绪很复杂，以各种方式影响着我们私人和社交的关系。通过这个测试，看看你能否控制住愤怒的情绪呢？根据自身情况选出合适答案，依据计分方法得出最终结果。

1. 你经常发脾气吗？

A. 经常发怒，一件小事都足以引起我的怒火，即便我知道自己错了，也很难承认和控制

B. 有时会，但事情过后会认识到自己的错误

C. 不喜欢发脾气，几乎没有发怒过

2. 对于电影中的愤怒场面，你有什么看法？

A. 很欣赏

B. 不喜欢

C. 很喜欢，它教会我如何在现实生活中表达愤怒情绪

3. 愤怒的时候，你会有怎样的表现？

A. 大喊大叫

B. 默默走开

C. 努力克制

4. 你受到伤害时，会有什么表现？

A. 几个小时不说话

B. 立刻反击

C. 很痛苦，不愿再提这件事

5. 对方发怒时，你会有怎样的表现？

A. 很害怕，和他和解或者是暂时回避

B. 设法让他平静下来

C. 以怒制怒

6. 你经常和亲人、朋友吵架吗？

A. 经常

B. 偶尔

C. 不会

7. 如果你的配偶对你不忠，你会怎么做？

A. 谩骂第三者

B. 想办法让配偶认罪，并让他痛苦

C. 忽视

8. 在你看来，与人交往应该说出最真实的想法？

A. 是的

B. 不是，我喜欢把真话埋藏在心底

C. 看情况

9. 喝酒之后，你会有什么表现？

A. 心情很舒坦

B. 有些沉默

C. 心情很坏

10. 愤怒的时候，会打孩子吗？

A. 会

B. 偶尔

C. 从来没有

11. 和家人吵架时，你会摔东西吗？

A. 有时候会摔东西

B. 愤怒到极点的时候会摔东西

C. 从来没有摔过东西

12. 你做了一件可能会令家人或朋友很生气的事，但你却认为自己并没有错，你会怎么做呢？

A. 保持沉默

B. 由着他们去

C. 告诉他们

13. 因为一件事情，你的家人一直训斥你，你会怎么做？

A. 发怒

B. 听到这个问题，就会吵架

C. 忍着，但时间久了会生气

14. 争吵会毁掉友谊，你认同吗？

A. 认同

B. 不认同

C. 没有必要争吵，但又无法避免

15. 心有怒火的时候，是否会把怒火转移到家人身上？

A. 从不

B. 经常

C. 努力克制，但有时克制不住

16. 你买了一件很贵重的东西，没多久却坏掉了，你会怎么做？

A. 打电话给商店，心态平和地要求退货

B. 要求赔偿

C. 打电话骂人

17. 等车时，由于前面排队的人的缘故，让你误了车，你会怎么做？

A. 很愤怒，但不会说什么

B. 告诉那个人，他误了你的车

C. 无所谓

18. 凌晨时分，你被邻居家的音乐声吵醒，你会怎么做？

A. 直接敲门，让他们停下来

B. 早上的时候，给他们塞张纸条

C. 很生气，但不会做什么

19. 你在同事面前发过脾气吗？

A. 经常会对下属发脾气

B. 会对上司发脾气

C. 从不发脾气

20. 电影院，你看一部很糟糕的电影时，你会怎么做？

A. 中途离场

B. 坐着等散场

C. 在公共场合或者是社交软件上表达自己的不满

21. 遇到有人插队，你会怎么做？

A. 让他去后面排队

B. 白他一眼，但不会做什么

C. 向其他人抱怨

22. 餐厅中，服务员将菜不小心撒到了你的裤子上，你会有怎样的反应？

A. 平和地说没关系

B. 不开心地说没关系

C. 你这个蠢人，赔我的裤子

23. 预约看病，等了20分钟还没有等到，但你还有要事在身，你会怎么做？

A. 继续等

B. 平静地离开，并重新预约时间

C. 很愤怒地离开

24. 售货员对你的态度很不好，你会怎么做？

A. 不会计较，她今天可能不开心

B. 很丢脸，不说什么，但以后也不会再来

C. 以同样的态度回应他

25. 你和陌生人发生了矛盾，你会怎么做？

A. 尽快终止吵架

B. 克制自己，不发脾气

C. 抨击他的人品

计分方法：

1.A.5	B.3	C.1
2.A.3	B.1	C.5
3.A.5	B.1	C.3
4.A.3	B.5	C.1
5.A.1	B.3	C.5
6.A.5	B.3	C.1
7.A.5	B.1	C.3
8.A.5	B.3	C.1

9.A.3	B.1	C.5
10.A.5	B.3	C.1
11.A.5	B.3	C.1
12.A.1	B.3	C.5
13.A.3	B.5	C.1
14.A.1	B.5	C.3
15.A.1	B.5	C.3
16.A.3	B.1	C.5
17.A.1	B.5	C.3
18.A.5	B.3	C.1
19.A.5	B.3	C.1
20.A.3	B.1	C.5
21.A.3	B.5	C.1
22.A.3	B.1	C.5
23.A.1	B.3	C.5
24.A.3	B.1	C.5
25.A.1	B.3	C.5

测试结果：

1～5题，测试你在愤怒情境下的表现。

5～10分：你恐惧愤怒，也害怕别人愤怒。7分以下的人，基本上属于“没脾气”的一类。

11～17分：能够适当表达自己的愤怒，在愤怒面前你能够保持理智，会尽力克制自己不发脾气。

18分以上：易怒，会让人感觉到敌意和威胁，有时会失去理智。

6～25题，测试你在私人关系和社交场合中的愤怒程度。

总分越高，发怒的次数会越多，脾气会越暴躁；总分越低，发怒的次数少，会压抑脾气。

75分以上：愤怒指数很高。

51～74分：能够控制愤怒。

50分以下：属于压抑愤怒的一类。

第三章

抱怨是往鞋子里倒水，行路会越发艰难

生活到处都有磕磕绊绊，切勿将抱怨当成习惯

当你停止抱怨的时候，就是你真正翻身的时候。

“抱怨是最消耗能量的无益举动。有时候，我们不仅会针对人，也会针对不同的生活情境表示不满；如果找不到人倾听我们的抱怨，我们还会在脑海里抱怨给自己听……天下只有三种事：我的事，他的事，老天的事。抱怨自己的人，应该试着学习接纳自己；抱怨他人的人，应该试着把抱怨转成请求；抱怨老天的人，请试着用祈祷的方式来诉求你的愿望。这样一来，你的生活会有想象不到的大转变，你的人生也会更加的美好、圆满。”这是张德芬在《遇见未知的自己》中所写的话。

抱怨犹如往自己鞋子里面倒水，让行路变得艰难；犹如赤脚在石子路上行走，让身心备受折磨。如果一个人一直活在抱怨之中，或许刚开始他会感觉到轻松，因为此时的错误全部在别人身上，但慢慢地，他就会发现生活的沉重，最后反而怪起自己的命来。一个人对待境遇的态度，决定着他是否能够找到属于自己的光。如果一个人从不抱怨，那么他绝对是一个值得别人期待的人。

他出生于贫苦家庭，为了谋生，他做过很多份工作：推销员、摆地摊、送外卖……

对于推销员来说，被人讥讽和拒绝几乎成了家常便饭。有一次，他

带着公司研发的新产品去一户人家推销，还没等他说话，这家人很凶悍地说："滚一边去，谁让你进来的。你们都是骗子，我不需要你的东西。"

这一次，他再也忍不住了，眼泪止不住地流下来。他不明白为什么会这样？为什么自己会受到这般待遇？为什么自己就要无辜承受他们的谩骂？他曾有过放弃这份工作的念头，但因生活所迫，他只能坚持。慢慢地，他不再抱怨，而是开始思索其中的原因：别人为什么会这么对他？应该怎样改变自己的处境？后来，他认为，这些人之所以如此对他，大概是把他归于不良推销员一列了，如果他诚以待人，或许就能够改变目前的处境。

再推销的时候，他便学着从客户的角度思考问题，帮助他们了解自己的产品，解决他们实际生活中的困难。时间久了，人们开始改变对他的看法，开始乐意接受他的推销了。

再后来，他闯入歌坛，成为一个毫无背景的歌坛新人，他受到了很多次的刁难和轻视，甚至在一次音乐比赛中，他八次被评委赶下台。这一次，因为有了推销员的经历，他不再抱怨，而是选择挑战。别人轻视没关系，他只管以百分之二百的努力做好该做的事情：为了一首歌曲，他去找词作者、曲作者交流，虚心求教歌坛前辈，每一个音节都会练习上百遍，最后搞得录音师都不愿意再见到他。

功夫最怕有心人，越来越多的人被他的努力和实力打动，之前轻视他的人开始对他有了改观，并且还赢得了一大批忠实的粉丝。不久，《反斗星》的问世，成就了他事业上的第一次高峰。他，就是香港歌坛的王者之一——谭咏麟。

成名之后，有人曾采访过谭咏麟，他说："我真的很享受这种过程，从你看不起我，到慢慢接受我，喜欢我，尊敬我，我都可以触摸到这种变化的脉搏，对我来说妙不可言。我之所以能成功，很大程度上都是因为有越来越多的人在帮助我，把你的仇人变成你的朋友，对人对己都是一件乐事。”世界上总会有大大小小的麻烦，旅途颠簸，经历坎坷，人们难免会有抱怨的行为，即便是大贤者，也有抱怨的情绪。抱怨，并不可怕，它是人类共有的一种行为。只要别把抱怨养成习惯，偶尔抱怨一下，并无大碍。最重要的是，埋怨过后，要懂得改变。

泥泞的道路，留下的脚印才会深刻；陡峭的山峰，看到的风景才会更美。一旦选定了自己要走的路，就应该勇敢无畏地走下去，别抱怨，不管遇到什么困难，不管路途多么遥远，除了改变，我们别无选择。天道酬勤，只要你把抱怨的力气花在改变上，生命就会给你最公正的答案。

成功并不遥远，它不需要太多的时间

成功并不需要太长的时间，勤奋＋喝咖啡的时间就已经足够。

有两个喜欢画画的年轻人。一个年轻人非常有天赋，家境富足；另一个年轻人资质平凡，家境贫寒。学画的过程中，有天赋的年轻人开始不停地抱怨，他看不到成功的尾巴，认为成功会需要太长的时间。另外一个资质平凡的年轻人因生活所迫只好去做了木匠，但他也从未放弃过对画画的追求：每天不管多晚多累，他都要画上一个小时。即便是在给别人家做木工的时候，随身也带着画画的工具，连短暂休息的时间也不放过。

贫寒的年轻人为了学习绘画，还特地买来几只虾。每天出工之前，他都会仔细地观察一会儿，工作之余就会在心里琢磨虾的神态，有了想法就立刻记录在纸上。再看那个天赋极好的年轻人，早就已经扔掉了画笔，过着享乐的生活。几十年后，家境败落的他成了一个流浪汉，而那位资质平凡的年轻人成了画坛巨匠。这个年轻人就是著名画家齐白石。

后来，流浪汉找到了齐白石，他想知道为什么绘画天赋没有自己高、家境没有自己好的人会成为绘画大家。他向齐白石抱怨近些年的辛苦，抱怨成功的遥不可及。齐白石叹口气说："你错了，成功并没有你想象的那么困难和遥远，我走到今天的位置，也仅仅用了四年的时间。"

流浪汉有些惊讶，说："四年？怎么可能！"

齐白石回答说："你看，我 20 岁时开始练习绘画，35 岁之前我每天只有 1 个小时的练习时间。1 天 1 个小时，1 年就是 365 个小时，15 年就是 5475 个小时，也就是 228 天。从 35 岁到 55 岁的 20 年时间里，每天有 2 个小时的绘画时间，1 年就有 730 个小时，20 年就有 14600 个小时，也就是 608 天。从 55 岁到 60 岁的 5 年时间里，我每天有 10 个小时的绘画时间，1 年就是 3650 个小时，5 年就是 18250 个小时，也就是 760 天。228 天、608 天、760 天，绘画时间总共是 1596 天，折算一下也就四年多一点。"

流浪汉有些哑然：一个没有自己天赋好的人，竟然只用了 4 年的时间就成了一个绘画巨匠。而今自己已经 60 多岁了，又有多少个 4 年从自己的抱怨声中流逝了呢？

成功并不遥远，它就在我们喝咖啡的时候，就在我们看电视剧的时候，就在我们打游戏、享乐的时候，就在我们逛街聊八卦的时候……用努力加上这些时间，就能够取得成功。"永不抱怨”，就是成功的秘诀。与其抱怨飞速上升的物价、房价，不如努力工作、奋斗，让你进步的速度超过物价、房价上涨的速度；与其抱怨充电的时间少，不如好好规划自己的日常生活，将时间合理化运用，充电的时间自然就会出现；与其抱怨工作很糟糕，不如努力提升自己，自我价值提升了，好的工作自然会降临到你的头上。

抱怨是一种慢性毒药，它会钝化我们的思维，拖住我们的行动。一旦抱怨包围了生活，人生就会像溃败的大堤，精神被洪水冲走，成功被淤泥淹没。所以，从现在开始，把抱怨的时间用在规划上，好好规划你的人生，好好利用你的时间。你会发现，成功其实并不遥远，它并不需要花费太长的时间。

悦纳不公，懂得曲线自救

世界本来就是不公平的，只有不公平才能促使我们努力进步。我们活着并不是比较谁更惨，而是谁最有能力在不公平的世界中活出公平来。

比尔·盖茨曾说：“社会本就是不公平的，这种不公平遍布于每一个人发展的每一个阶段。在这个现实面前，任何的抱怨和急躁都是无济于事的，只有坦然接受这个现实并承受住现在的痛苦，才能够有能力转变这种不公平，让自己的人生有进一步的发展。”

当你出生在一个鱼米小镇时，你的同龄人出生于北京，生于伦敦，生于非洲大草原，生于南苏丹的某个贫民窟，生于战火纷飞的叙利亚……你看，当你一出生，就会面对诸多的不公平。阿里巴巴创始人马云在接受采访时表示：世界本来就是不公平的，怎么可能公平？你出生在农村，可以和比尔·盖茨的孩子比吗？乌龟生下来就没有兔子跑得快，兔子生下来就不似乌龟会游泳，不管如何比赛，注定有一方要接受不公平。所以，不公平是世界的常态，我们应该用努力缩小它，化抱怨为奋斗，那些执意要求公平的人无非是怕自己的能力给不了自己想要的公平。

西方历史上最伟大的雄辩家狄摩西尼就用自己的努力改变了所有的不公平。

7 岁时，他的父亲去世，巨额遗产被人侵夺。那一刻，他发誓要好好学习修辞，为遗产官司做准备。当他做出这个决定时，很多人都耻笑他——他生来就结巴，正常交流都是一件很困难的事，更别说学修辞、打官司了，在大部分人看来，这个疯狂的想法注定是无法实现的。在这些不公平面前，狄摩西尼并没有气馁，也没有抱怨分毫，而是更加地努力练习：有时候他会跑去海边，有时候他会前往山上，只要是没人的地方几乎都有过他的身影。他开始进行朗读练习，开始学着流畅地说话。说话的时候，他在嘴里含着鹅卵石，时间长了，鹅卵石磨破了牙齿和舌头，鲜血流出来。

最后，他不仅赢得了遗产官司，而且成了西方最伟大的雄辩家。

不得不说，狄摩西尼是一个勇者，他没有向不公平的命运屈服，没有抱怨，没有逃避，而是选择了接受和努力改变。不可否认，我们每个人都会遭受到不公平，这着实是一件让人很不愉快的事情，但又是不容置疑的事实。不管是看得见的还是看不见的，不管是先天的还是后天的，不管是经常的还是偶尔的，我们都会和不公平相遇。只有学会悦纳不公平，不公平才能成为我们脚下的路，才能够成为路面上镶嵌的石头。

抱怨是无用的，它改变不了你的任何东西。同情，从来只是对失败者的慰藉，要想真正让别人看到你，你要做的并不是装可怜，而是要正视不公平，悦纳不公平。悦纳不公平，并不是让你消极生活。恰恰相反，只有悦纳了不公平，才会接受一些无法改变的事实，才会放弃抱怨、沮丧，才会用一颗进取心去对待生活，才会找到属于自己的公平。如此，不公平也就消失了。

别抱怨，如果说这个世界注定是不公平的，那么你应该找一个适合自己的方式，或者是能够接受的努力程度，然后快乐、自信地生活下去，让自己变得更强大。毕竟，当你是一只火鸡时，谁也不会认为你强大；当你是一只老虎时，单就站在那里便足以威慑众人。

你对生活如此敷衍，又有何资格抱怨

长江后浪推前浪，这是亘古不变的道理。但在你的时代还未到来之前，抱怨是徒劳无益的。

人的一生，会存在很多很多的关键节点，这些节点在岁月的流转中凝固成永恒，成为我们最美好的回忆。而使这段回忆变得美好的前提，就是我们自身的努力：幼时要努力学习，成年后要努力工作，年老时要努力生活。我们一生中所赚取的快乐、幸福乃至财富，都离不开努力。很多人喜欢抱怨，作业难、薪资少、生活累，却从未反思过自己是否已经竭尽全力？有多少人将大把的时间用来刷微博、看电视？有多少人将大好的时光用来睡懒觉、打游戏？又有多少人将充分的精力用来逛街、购物、打网游？

当别人把时间用来学习时，你或许还沉浸在某一部狗血偶像剧中；当别人已经起床晨读时，你或许还在和周公谈梦；当别人聚精会神地奋斗时，你或许还在某个大商场内血拼。那么，我想问，你对生活如此敷衍，你又有何资格抱怨？

“我把大学时取得的成绩归结于我的努力，现在我都可以非常肯定地说，我当时花在学习和思考上的时间，比99%的同学都要多。”

邓露，28岁时成为湖南大学土木工程学院的教授、博士生导师，被网友们称为“中国最年轻的博导”。这一含金量极高的身份，以及和他年龄“不对等”的职称，让他一时成了网友们谈论的焦点，甚者有人开始不怀好意地抱怨他有关系、有后台、有背景等。对于此，他说：“这个机会是国家和学校给我的，面对质疑我只有用努力工作来回应。在一些人看来，有些教授是‘熬’上去的，但又有哪项规定教授必须要‘熬’呢？”其实，质疑不难解除，只要看看他的经历就知道了。

初三时，他就得到全国物理竞赛的一等奖，后通过自己的努力考入华中科技大学。他的老师曾回忆：“邓露是一个学习非常刻苦的孩子，那个时候他所在的年级共有400多名学生，他每次的考试成绩都能够保持前三名。”

进入大学后，邓露有了出国深造的计划。他来不及享受“高中解放”的感觉，便一头扎进了自习室，学习外语。早上7点去自习，凌晨1点回宿舍几乎成了家常便饭，双休日也从未间断过。凭借着这股子拼劲，让他成为华中科技大学名副其实的学霸。2005年毕业后又进入美国路易斯安那州立大学土木工程专业学习，2009年获得博士学位并进入世界最大的非政府石油天然气生产商埃克森美孚石油公司工作，担任高级研究工程师。2011年回国，2012年，年仅28岁的邓露成为湖南大学土木工程学院的教授、博士生导师。

面对潮水般的赞叹声，他很谦虚地说：“这是一个计划、准备和机遇都碰到一起的结果。”那么他所说的计划和准备是什么？就是他早上7点去自习室、凌晨1点回宿舍，就是他计划出国所以努力学习一门外语……

当他在做这些的时候，你又在做什么呢？香港首富李嘉诚先生在退休之前保持每天至少8小时的工作量，坚持每星期读完一两本书。试问，一年你能看多少本有营养的书，一周你能花多少时间学习专业知识？很少。那么，当别人在努力的时候，你在挥霍青春；当别人在计划的时候，你在浑浑噩噩；当别人在准备的时候，你在迷迷茫茫；当别人在奋斗的时候，你还在无病呻吟。

请问，别人都在努力奋斗的时候，你选择用这般敷衍的态度对待生活，用这般浑噩的状态迎接未来，你又抱怨什么呢？你又有什么资格抱怨呢？

测试 你面前的世界是什么“颜色”的

根据自身情况选择合适的答案，依据计分方法得出最后结果。

1. 你会像别人一样经常笑口常开吗？

A. 是　　B. 否

2. 你认为自己的运气并不差吗？

A. 是　　B. 否

3. 你经常认为前途非常渺茫吗？

A. 是　　B. 否

4. 早上醒来后，你会精神饱满吗？

A. 是　　B. 否

5. 当你遭受挫折的时候，是否依然有成功的信念？

A. 是　　B. 否

6. 在你眼中，世界就是一个充满痛苦、忧伤的地狱吗？

A. 是　　B. 否

7. 你认为现在的自己很快乐？

A. 是　　B. 否

8. 你会经常回忆自己之前遭受的失败吗？

A. 是　　B. 否

9. 你经常和别人打赌吗？

A. 是　　B. 否

10. 你认为好人总比坏人多？

A. 是　　B. 否

11. 在你眼中，认为生活会变得越来越好？

A. 是　　B. 否

12. 为了防止误点，你经常会提前动身去火车站或者是飞机场？

A. 是　　　　B. 否

13. 对于意外收到的信件，你显得有些忐忑不安？

A. 是　　　　B. 否

14. 外出旅行时，为了预防下雨，你会带上雨伞吗？

A. 是　　　　B. 否

15. 你愿意购买正在试销的产品吗？

A. 是　　　　B. 否

16. 如果医生安排你做进一步的检查，你是否认为自己得了重病？

A. 是　　　　B. 否

17. 面对成功率只有一半的事情，你愿意尝试吗？

A. 是　　　　B. 否

18. 如果第二天要参加一个非常重要的考试，当天晚上你会失眠吗？

A. 是　　　　B. 否

19. 你认为自己将来会生活得很幸福？

A. 是　　　　B. 否

20. 在你看来，生活中还是快乐的时光比较多？

A. 是　　　　B. 否

21. 你认为自己是一个长寿之人？

A. 是　　　　B. 否

22. 生病的时候，你总会担心病情会恶化？

A. 是　　　　B. 否

23. 在别人向你做了保证的前提下，你是否会把一件很贵重的东西借给他？

A. 是　　　　B. 否

24. 在你眼中，所有的困难都是可以克服的？

A. 是　　B. 否

25. 你经常会有连续几天的时间都不开心？

A. 是　　B. 否

26. 你认为几年之后你的身体会依然健康？

A. 是　　B. 否

27. 活着就是一种幸福，你很赞成这句话？

A. 是　　B. 否

28. 在遇到一件比较困难的事情时，你通常会选择放弃？

A. 是　　B. 否

29. 你经常想象未来的自己会很富有？

A. 是　　B. 否

30. 当你做决定时，通常会考虑失败导致的后果？

A. 是　　B. 否

计分方法：

第 3、6、8、12、13、14、16、18、22、25、28、30 题：A.0　B.1

其余的题目：A.1　B.0

得分相加。

测试结果：

0 ~ 9 分：你面前的世界是灰色的。大部分时候，你的内心充满了抱怨，这让你的生活一直处于紧绷的状态。学会放松自己，每天给自己一个大大的微笑，或许就能够改变自己的心情。

10 ~ 20 分：正常的世界。你能够冷静对待问题，态度比较谨慎，会认真对待每一件事情。但适当的放松或许能让你更加快乐。

21 ~ 30 分：你的世界是多彩的，很少抱怨和烦恼。对于生活的馈赠，总是抱着一种愉悦的心情接受。

第四章

别拿欲望当理想，收不住心就会落入万丈深渊

人生最可悲的并不是求而不得，而是越得越想得

很多浪费生命、虚度时光的人都有一个共同的特点，他们总想要得到一些自己无法控制的东西，却让自己能够掌控的东西彻底失了控。

贪婪是一粒小小的火柴头，看似不起眼，一旦任其燃烧起来，却足以摧毁整个世界；贪婪是一匹失控的野马，会把人拉入无底的深渊；贪婪犹如无底的黑洞，你填充的东西越多，它的力量就会越强大，能够吸进去的东西会更多。贪婪是可怕的，因为一颗贪婪的心，永远比整个世界都大。

著名思想家、教育家梁漱溟先生在《这个世界会好吗》一书中谈道：人类面临有三大问题，顺序错不得。先要解决人和物之间的问题，接下来要解决人和人之间的问题，最后一定要解决人和自己内心之间的问题。之于人而言，最难解决的莫过于人与自己内心之间的问题。毕竟我们可以打败别人，却很难战胜自己。我们的心经常犹如一匹脱缰的野马，越是不该去的地方，越是不能去的草原，越是受我们欢喜和青睐。这就是欲望。欲望过多，就有了贪念；贪念过多，就失去了自我。

看看下面这个寓言故事：

古时候有一个人家徒四壁，连床都买不起，只能睡在一张长凳子上。佛祖看他可怜，便给了他一个钱袋，说："袋子里面有一个金币，拿出

这个金币后，里面还会再出现一个金币。取出适量的金币后，要把钱袋扔掉，否则钱是无法使用的。”

为了得到尽可能多的金币，这个人一整晚都没有休息，一直从钱袋里拿金币。他已经拿到了足够自己一辈子开销的金币，但他仍不满足。每次刚生出扔掉钱袋的念头，内心里的贪念就会阻止他，诱惑他再多拿一些。于是，他还是不断地往外拿金币。

因为多日没有进食，他虚弱地躺在钱袋边，望着满满一屋子的金币，他却没有力气再多拿一块了。最后，他死在了钱袋旁。

当他还是穷人时，幸福或许就只是拥有一张床，吃上一顿饱饭，但当他拥有了无穷的金币时，却心生贪念，越得越想得，最后死在了贪欲之下。“这个人”存在于世界的各个角落：汽车还未发明时，拥有一辆自行车是最幸福的；贫穷还未离去时，认为满足温饱就是幸福的……可是随着我们拥有的东西越来越多，随着我们人类的不断进步，这种幸福却成了最难求的东西，人们抱着“追求更好”的念头，忽视了“适可而止”。社会上多了很多因为被贪婪蒙蔽眼睛的人：为了钱财，夫妻离异、兄弟反目；为了升职加薪，同事算计、互相伤害；为了升官发财，朋友相残、友叛亲离；甚者为了贪欲，无休无止、锒铛入狱。

“一念贪私，万劫不复”，一旦动了贪心，理智将会难以控制，良知就会泯灭，善良化为乌有，人格变得污浊，人生变得悲剧。“不可有贪念”应作为我们床头上的利剑，伴随我们一生。宋朝陆游在《对食》一诗中说：“人苦不知足，贪欲浩无穷。”人，一旦有了贪欲，不管过程如何，最后的结果必定是失去。

人生最可悲的并不是求而不得，而是越得越想得。

虚荣之花应在适度中羞答答摇曳，在自控中静悄悄婀娜

虚荣能够得到一时的满足，可虚假的东西不能长久，华丽的外衣下裹着的终究还是一件破旧的衣衫。

虚荣心，人皆有之。俞敏洪说：“年轻人没有虚荣心就意味着行将就木”，但周国平也说：“生命所需要的，无非空气、阳光、健康、营养、繁衍，千古如斯，古老而平凡。骄傲的人啊，抛开你的虚荣心和野心吧，你就会知道，这些最简单的享受才是最醇美的。”千人有千种说法，虚荣心并非是一种恶行，但是很多的恶行却是由此而生；又有多人认为虚荣心是个坏东西，应该尽早丢掉，但一点虚荣心都没有的人，也不可能成功。这般说来，虚荣心是恶是善，关键还在于一个度，一个足以维持自尊心而又不好大喜功的度。

“人过留名，雁过留声”，虚荣心，从我们有思想的那一刻就已经存在了。男人的虚荣心是想要表现得比别人强，女人的虚荣心是想要得到他人的赞美，小孩子的虚荣心是比别人有更多的玩具。缩小的虚荣心是自卑，放大的虚荣心是虚伪，只有恰到好处的虚荣心，才能够体现一个人的自尊心。

世间，虚荣之花几乎开遍各个角落，看上去五颜六色、煞是好看，

其实就是过度的欲望肆虐。在那些拥有过度虚荣心的人眼中，即便得到了一片海也会嫌弃太小；即便得到了一片天空也会嫌弃不多。过于强烈的虚荣心是一种沉重的负担，会让你举步维艰，会让你的生活陷入一片混乱。倒不如放下过度的虚荣心，珍惜自己所拥有的星空，然后在此基础上去追求更好的，即便追求不到，也不至于太失落。

短篇小说巨匠莫泊桑在《项链》中讲述了这么一个故事：

玛蒂尔蒂太太是个美丽的妇人，有着极强的虚荣心。很遗憾的是，对于虚荣心极强的人来说，贫苦的家境就成了最难以言说的折磨。玛蒂尔蒂太太一心想要结识有钱人，但最后只能和一个薪水不高、家境不好的小职员结婚。在她看来，精美的、豪华的东西才是值得她拥有的，而不是眼前寒酸的房屋、陈旧的家具以及看不到头的粗布衣服，这让她陷入了无尽的痛苦之中。

有一天晚上，她和丈夫受邀去参加一个晚会，因为没有华丽的衣服，她便不想去参加。无奈，丈夫只好用准备买猎枪的四百法郎给她买了一套衣服。有了漂亮的衣服，又想要漂亮的首饰，尽管她知道这些并不是她自身应该拥有的，至少不是现在应该拥有的。但因为虚荣心的作祟，她还是从弗莱斯蒂埃太太那里借到了一条钻石项链。

晚会上，打扮得光彩照人的玛蒂尔蒂太太瞬时成了全场的焦点，很多男人争相邀请她跳舞。可惜，欢快的时光总是很短暂，刚回到家还未来得及休息的她，突然发现钻石项链不见了，四处都没有找到。无奈，他们只好借了三万六千法郎买了一条一模一样的项链还给别人。为了一条钻石项链，他们过了十年更加艰辛的生活。债务还完后，玛蒂尔蒂太太早就成了一个双手粗糙、容颜苍老的老妇人了。

再后来，她又遇到了弗莱斯蒂埃太太，并得到了一个惊人的消息：

借给她的项链是赝品，只不过几百法郎而已。而他们为了这几百法郎搭上了自己的十年时光。

过度的虚荣心是恶魔，它夺走了人的理智。玛蒂尔蒂太太如果当时能够将自己的虚荣心控制在一个适度的范围，珍惜自己当时所拥有的，而不是跳过自己的能力去追求现下还无法达到的享受，也就不会有这十年的心酸了。

虚荣是毁容的药剂，扭曲了人的心灵，让人变得丑恶不堪。曾看过一个报道：深圳有个女人，月收入 4000 元，但却一直想要买一个名牌包包。在虚荣心的驱使下，她偷了同事的钱包。自此也丢了工作，名誉扫地。月收入 4000 元，虽然不高，但如若懂得知足，足以维持当下的生计，但有些人偏偏看不透这一点，铤而走险，非要忽视现实去追求不切实际。

有一点虚荣心本不是什么大事，甚至说不是坏事，但虚荣一定要有度。这个度就是你能够承担的范围。比如，你月工资 10000 元，买了一个 5000 元的包，这是虚荣，但不为过；月工资 5000 元，非要追求一个 10000 元的包，这就是过度的虚荣了。

其实，不管什么职业什么地位什么身份，只要虚荣心过度，就必定会得到不好的结果：要么良知虚脱，要么真诚断裂，要么欺诈膨胀，要么尊严萎缩。所以，虚荣心可以有，但一定要适度的打磨，要懂得自持，懂得知足常乐。

在人生之中，虚荣之花不必开得太多，只那么小小的一朵就已经足够。切不可让它肆意绽放，更不能热烈追随。少了些虚荣，就能够少些愚蠢的自我折磨；少了些虚荣 ，眼前的景色会更加开阔。

别把欲望当理想，别把世故当成熟

大部分的人，总喜欢把别人的成功想象到自己的身上。

人，总喜欢把别人的成功幻想成自己的样子，不管是爱情故事，还是伟大传奇，或者是网游世界。马云创建了阿里巴巴，比尔·盖茨缔造了微软，李彦宏创造了百度，乔布斯在自家车库里就发明了苹果，所以我们崇拜他们。这里还有一个令人惊悚的真相：大部分人的崇拜并不是因为他们影响了世界，抑或是崇拜他们改变世界的壮举，而是崇拜这背后隐藏的功名和利禄。

白岩松说："世界上很多人都把欲望当作理想，把世故看作成熟，把麻木当成深沉，将怯懦看成稳健，把油腔滑调当作智慧。"很多时候，我们追求的并不是"改变世界"这个伟大的理想，而是"改变世界"之后所得到的利益。

有一个心理学教授带着学生们认知欲望和理想。

他们来到街头。心理学家发现了一个乞丐，便上前问道："你现在最大的理想是什么？"乞丐很诚恳地回答："我一无所有，每天可以吃饱喝饱，然后能够在太阳底下睡个美觉，就已经很开心了。"

教授接着说："如果每天给你10元钱，那你有什么理想呢？"

乞丐说道："如果每天有10元钱，我的理想就实现了呀。"

教授接着说："如果每天给你100元呢？"乞丐很高兴地说："那我每天还可以住个好点的房子。""每天有1000元呢？""每天有1000元，那我就不用乞讨了，我要回家盖房子，买上一块地，种庄稼为生。这是再美不过的事情了。"

教授又接着说："如果每天给你10000元呢？"乞丐有点愣住了，说道："10000元啊，那我要好好想想。我会像那些有钱人一样，穿金戴银，住大别墅，开豪车……凡是天下间快乐的事情，我都想好好享受一番。"教授拿出100元给了乞丐当报酬。

乞丐拿着100元钱并没有离开，而是眼巴巴地继续望着教授："那1000元，10000元呢？"当教授说明缘由后，乞丐很是愤怒地说："你问了我这么多问题，却只吝啬地给我100元。"

原本一无所有也开开心心的乞丐在得到100元后，竟然开始变得愤怒起来。

回去的路上，教授对学生说道："这就是欲望。"

还有一个乞丐，他的理想是赚够10000元，回家买地务农。教授说："如果给你10万元，你会怎么做？"乞丐回答："10万元早就已经超出了我的理想，我想我早已回家务农了，应该不会存在10万元这件事情。"教授又说："如果给你100万元呢？"乞丐回答："10万元，100万元，都不会改变我的决心，我还是会回家买地务农。"

教授同样给了乞丐100元，乞丐很是欣喜，连连道谢，因为他又离理想进了一步。

教授对学生说："这就是理想。"

起初，第一个乞丐的理想无非就是吃饱喝饱能够睡个好觉，可在越来越多的金钱面前，乞丐的理想早就已经变形，开始想要豪车、别墅，想要尝遍天下所有的乐事……此时，乞丐的理想并不是理想了，而是纯粹的欲望，一种无休止的欲望。相信，即便教授每日给他 100 万，他的心里也不会满足；第二个乞丐的理想是赚够一万元，回家买地务农，不管别人给他再多的钱，他的理想却从未改变。这才是真正的理想。

现实生活中也是如此。很多人有了小房子便幻想着大房子，有了小车还希望换个更好的车，赚了几十万又想着赚上千万。他们对此美其名曰“人要往高处走”，这是他们的理想，是他们的追求。为此，每日奔波劳累、痛苦不堪，他们不停地抱怨，抱怨自己不自由，抱怨自己没时间，最后当看到别人正在前行时，来不及休整，他又开始折腾向前。这哪还是什么理想，只不过是欲望披着理想的外衣罢了。

其实，我们一直都是自由的，只不过是欲望把我们捆绑起来。只要降低欲望，减少嗔念，别用理想做欲望的借口，就能够获得自由。别把欲望当理想，别让自己的欲望代替理想。如果说欲望是一批又一批的商业明星，那么理想是其中真正的商业文明；如果说欲望是一部部“快餐式”的电影，理想就是“几年、十几年磨一剑”的精品执念……

切勿把欲望和理想混为一谈，更不要让理想为你的欲望埋单。理想和欲望，同样是要牵着人走，一个引人进入春暖花开，一个带人走入麻木深渊。二者或许会有相似的境遇，但得到的结果必定会迥然不同。

不要羡慕邻居家的金碗，木碗也受得住玉露琼浆

生活就是一杯白开水，不管你盛水的杯子是否华丽，杯子里的水都是一样的清澈透明，这对于任何人来说都一样。只要你喜欢，你可以任意地加糖、放盐，这才是真正属于你的。

人生是一个短暂而又漫长的过程，从起点走到终点，经历过诸多的悲欢喜乐、爱恨情仇，这是大自然赋予生命的规律，对谁都是一样。于是，便有了一些先甜后苦的人，有了一些先苦后甜的人，有了一些大喜大悲的人，有了一些平平顺顺的人。有人仕途顺利却家庭不睦，有人夫妻恩爱却家境贫穷，有人富贵辉煌却没有才气，有人帅气俊美却缺乏道德，有人智慧超群却长相平平……你看，世间永远没有绝对的赢家和输家，你没有这个必定拥有那个，你失去了这个必定会得到那个，犹如“梅须逊雪三分白，雪却输梅一段香”，常青的树儿没有花，艳丽的花儿不长久。所以，别和别人比较，他有你羡慕的，你也有他没有的。更何况，生活就是一杯白开水，不管你是用金杯子盛放还是用破碗盛放，它始终是白开水，并不会因为你容器的样子改变本质。而你，可以任意为白开水添料，你添的是苦涩收获的必定是苦果，若你添的是蜜糖，必能收获一碗芳香。

“人比人，气死人。”这是千古不变的真理。听说周围的人都买了车，年薪几百万，再看看自己住着上千元的出租房，省吃俭用的样子，心中很不是滋味，却忽略了自己比他家庭幸福；听说别人长得漂亮，穿得时尚，

便盲目效仿，最后“东施效颦”，徒留一身笑柄，却忽略了一身才能。

左思，西晋文学家，他著的《三都赋》和班固的《两都赋》、张衡的《二京赋》齐名。据说，他的《三都赋》刚刚问世，便引起了一股传抄热潮，促成了“洛阳纸贵”的壮观局面。左思虽有才华但长相不佳，这成为他的痛处。据说，有一美女读了他的文章后，对其爱慕不已，誓要嫁于他为妻。但当她见到左思的容貌后，吓得立刻打消了这个念头。

当时，有个人名潘岳，也就是大名鼎鼎的美男潘安。潘安的美貌极具有杀伤力，是整个洛阳城的少女的“男神”。据说，他经常拿着牛皮弹弓出现在洛阳道上，周边的妇女看到他便会手挽手地围在他身边，不想让他离开。

看到这般场景，左思很是羡慕，便乱了心神。他决心效仿潘安，也前去那洛阳道上潇洒一把。于是，他也拿着牛皮弹弓，学着潘安的模样，故作潇洒地走在洛阳道上。谁知，他没等来鲜花和赞美，口水和谩骂倒是迎来了不少。最后，他只能垂头丧气地回家了。

其实，左思大可不必这样。上帝给了潘安美貌，却也给了他才华。固然，世间爱美之人众多，但爱才之人也不在少数。如果他把所有的精力全部用在才学上，相信他的“粉丝”并不比潘安少。只可惜，内心对“美”的欲望迷乱了他的心智，让他盲目效仿，去追寻原本并不属于自己的东西，落得个“人人喊打”的下场。

我们也是一样，原本手中所拥有的木碗足以让自己很幸福，可偏偏艳羡邻居家的金杯，认为那金杯里面必定装的是琼浆玉露，要比自己木碗中的淡茶强很多。于是便千方百计地去追寻：钱够花了要追逐更多；平凡亦有足够的快乐，却非要追求转瞬即逝的名誉；爱情原本美好，却按捺不住迷乱的心魂，非要去追逐外面的花花世界……

你看，我们原本可以过得很幸福的生活，却偏偏因为内心不安分的欲望失了控。我们无休止的奔波，看似是在追求更大的幸福，其实最好的幸福早就已经碎在了心底，一片一片的，黯淡成了难以言喻的忧伤。

质朴的杯子和华丽的杯子一样，它能够盛装白开水，也能够盛放琼浆，就看你愿意在里面加放多少糖。

有甜头的地方，往往苦头也比较多

对于所有的贪婪来说，虽然有时候它也会赢，但赢的仅仅是开头，到结局它必定会输。

20世纪初，巴伐利亚有两个很出名的钟表匠，一个叫菲尔德，一个叫汉斯。他们的制表技术都非常的高超，都想着要制作一款世界上最新最好的手表。两人相比起来，菲尔德的制表技术要略高一些，汉斯苦思冥想了很多天，终于想到了一个战胜他的办法。

他打听到，菲尔德在制作手表的同时，还兼顾着制作草帽。于是，汉斯派人去他那里高价收购草帽，并且给了一大笔订单。菲尔德见草帽生意如此“红火”，便把大部分的时间和精力全部都放在制作草帽上。这样，汉斯利用菲尔德制作草帽的时间抓紧研制出了一款最新最好的手表：一款有着防水功能和自动功能的手表。汉斯为其取名为“劳力士”。

没过多久，劳力士迅速占领市场，直到这个时候，菲尔德才恍然大悟，后悔晚矣。

说起制表技术，汉斯比不上菲尔德，可菲尔德却被眼前草帽的利益迷昏了头，松懈了制表的决心，给了汉斯追击的机会。与其说菲尔德败给了汉斯的智慧，不如说他败给了自己，败给了甜蜜的诱惑。同样，位于拉美的海地的一些人也曾犯过一样的错误。

20 世纪 50 年代，为了摆脱贫困，海地国家的人们大量砍伐树木，开辟荒野，种植一些经济作物，如甘蔗等。此外，有一些海地人发现了一种很值钱的林木——红桃木，又引发了一股“砍伐红桃木”的飓风。凭借种植和红桃木，海地人的收入提高了，生活水平也有了大幅度的提升。与此同时，甜头的背后也给他们带来了巨大的苦头。

2004 年 9 月，“珍妮”飓风突袭了拉美的两个国家：波多黎各和海地。在同样的飓风威力面前，两个国家所得到的结果却是大不相同。波多黎各死亡 7 人，而海地为此丧生的有几千人。面对如此迥然的结果，科学家进行了研究。

他们认为，海地之所以有这样惨重的损失，其主要原因还在于他们无节制地砍伐红桃木和种植经济作物引起的。因为他们的这一举动，使得海地的植被面积从 50 年代的 25% 下降到了 2004 年的 1.4%，锐减的植被面积根本无法抵御飓风的侵袭。

你看，为了一时的甜头，海地百姓也是吃尽了苦头。他们没有节制住内心的欲望，在利益和甜头面前失去了理智，最终给自己和他人带来了致命的伤害，给国家带来了沉重的灾难。

现实生活中很多人都犯过类似的错误：为了贪图一时舒服，而荒废了大好的时光；为了一口美食，放弃了坚持许久的减肥计划；为了眼前的小利益，走上了不法之路……如果说人生是一场战役，你就是自己最大的敌人。因为大部分时候，我们都不是被别人打败的，而是被自己打败的，抵不住眼前的诱惑，掉入了甜蜜的陷阱。记住，天下没有免费的午餐，有甜头的地方必定会有陷阱，如果收不住自己的心，就会将自己带入无尽的苦境之中。只有放弃了眼前的利益和诱惑，才能够见到最真实的彩虹。

不管你选择了怎样的人生道路，在朝着目标前进的征程中，切勿留恋路边的风景，否则它会迟滞你的脚步，甚至毁灭你的前程。

测试 测测你的虚荣心

根据自己思维方式和习惯，对下列答案进行选择。并根据箭头指示的序号，跳转到对应的选题号中继续选择，通过如此推导，最终会得出结果。

1. 乘车的时候掉了十块钱，你会下车捡回来吗？

A. 会→转到第 5 题

B. 不会→转到第 2 题

2. 在外面吃饭的时候，经常会剩下很多饭菜？

A. 是→转到第 3 题

B. 不是→转到第 7 题

3. 买礼物送人时，经常以“好看”为主，而不在乎实不实用？

A. 是→转到第 4 题

B. 不是→转到第 7 题

4. 不管买什么东西，你都喜欢买名牌？

A. 是→转到第 8 题

B. 不是→转到第 11 题

5. 笑的时候喜欢张嘴大笑？

A. 是→转到第 6 题

B. 不是→转到第 7 题

6. 朋友在事先没有通知的情况下突然来访，你会感觉很生气？

A. 是→转到第 7 题

B. 不是→转到第 9 题

7. 买不起的东西，就算分期付款你也要购买？

A. 是→转到第 4 题

B. 不是→转到第 8 题

8. 你会因为店员不停地推荐而购买商品，回家之后却又立刻后悔？

A. 是→转到第 11 题

B. 不是→转到第 9 题

9. 喜欢算命，但算命的时候又不喜欢被朋友看到？

A. 是→转到第 11 题

B. 不是→转到第 13 题

10. 你身上只有 2000 元，当你朋友开口向你借 3000 元时，你会以没带钱包为由推辞，并不会说明实情？

A. 是→转到第 15 题

B. 不是→转到第 13 题

11. 晚会上，别人穿的衣服都比你时尚，你会因此早回家？

A. 是→转到第 15 题

B. 不是→转到第 10 题

12. 对于第一次见面的人，很好奇人家的职位和学历？

A. 是→转到第 16 题

B. 不是→转到第 15 题

13. 很少去旅行，但旅行的时候必定会住最好的旅馆？

A. 是的→B 型

B. 不是→A 型

14. 你很向往郎才女貌而又多金的婚姻生活？

A. 是的→C 型

B. 不是→B 型

15. 你对别人的评价和眼光非常在意？

A. 是的→转到第 16 题

B. 不是→转到第 14 题

16. 买东西的时候，即便价格非常低，你也会使用大钞支付，让老板找零给你？

A. 是的→D 型

B. 不是→C 型

测试结果：

A. 虚荣度 10%

你不太在意周围流行的东西，甚至认为与人相比是一件很无聊的事。在你看来，自己的心情是最重要的，不要在意别人的眼光和想法。你有很强的自信心，几乎没有什么东西能够干扰到你的心情。不过，有些时候你给别人的感觉或许会过于冷漠，要适度活跃一些。

B. 虚荣度 40%

偶尔会买一些昂贵的用品，但都会控制在自己的经济范围之内。有时你也会为了迎合别人的兴致而委屈自己。建议多和一些志趣相投的朋友结交，这样你的生活才会轻松。

C. 虚荣度 70%

你的虚荣心和自尊心都比较强，不愿意认输，很在意周围人的看法。在外人面前，你总装出一副光鲜亮丽的样子，而不顾自己的承受能力。不如放下包袱，做一个真实的你，这才是你的明智选择。

D. 虚荣度 90%

你是一个爱慕虚荣的人，言行举止间总是透露出一副虚荣的气息。或许你自己并不知道，你经常向别人夸赞自己，说一些华丽的谎言。请及时停止你的行为，毕竟谎言终有说破的那一天，否则你会失去所有人的信任。

第五章 及时给压力松松绑，切勿让一根稻草压死了骆驼

境随心转，压力也能开出花儿来

心随境转的是凡夫，境随心转的是圣贤。

心境是个很奇怪的东西，它能够让富翁整日郁郁寡欢，也能够让贫民每日喜笑颜开；它可以让处于绝境的人闻到花香，也能够让身处坦途的人感到绝望。心境，是人的一种情绪状态，是一种生活的常态。心境积极的人在每一次忧患中都能够看到机遇，消极之人在每一个机遇中都能够看到忧患。罗曼·罗兰说："当你用神采奕奕的眼神看世界时，世界也会用其宽容的怀抱接纳你。"

2016 年世界斯诺克大奖赛在威尔士的兰迪德诺举行。在 1/4 决赛中，我国台球选手丁俊晖以 4∶3 的成绩战胜泰国的塔猜亚，晋级四强。

这场 1/4 决赛打得惊心动魄。最初，丁俊晖以 1∶3 落后，对手拿到了赛点。不过这一境遇并没有给丁俊晖带来过多的压力，他说："今天我打得比较艰苦，其实第四局他打丢底下的那颗红球，我还是有机会能打回来，但我在走位上出现了一点失误，所以比分就变成 1∶3 了。可能有一两杆运气球，打不进也没有输球。总的来说，我还是有状态，所以不管在比分落后或者领先时我都能保持好的心态。"

在压力面前，丁俊晖表现出了极其稳定的状态，没让心情受到当时境遇的困扰，而是稳扎稳打地根据自己的节奏来，不会过多地把对手制造的压力强加到自己身上。最终在1:3落后的情况下，连追三局，晋级四强。

其实，第五局比赛可谓是生死攸关，丁俊晖在比分大落后的情况下，要想打赢这场比赛，无疑要承受很大的压力。幸好，他承受住了，没有让这种压力影响到自己的比赛状态，得以绝处逢生，取得胜利。

那么，什么是境随心转？借用俞敏洪的一句话："生活中其实没有绝境，绝境在于你自己的心没有打开。你把自己的心封闭起来，使它陷于一片黑暗，你的生活怎么可能有光明！封闭的心，如同没有窗户的房间，你会处在永恒的黑暗中。但实际上四周只是一层纸，一捅就破，外面则是一片光辉灿烂的天空。"境随心转，也大抵如此吧。捅破了窗户纸，光明就会透进来，我们日常所说的黑暗，仅存于我们内心。心往好处想，黑暗中我们也能够找到光明；心往坏处想，身处光明的我们也只能触及阴影。

不要害怕压力，即便我们被踩进泥土，我们也应该争取成为破土而出的鲜花；即便我们被逼入绝境，我们也应该努力追寻低谷中的柳暗花明。只有学着从绝望中寻找希望，从绝境中争取生机，我们才能够抵住压力，境随心转。

正如黑夜之后是黎明，暴雨之后是彩虹，严冬之后是暖春一样，人的命运也是如此运行的，不管你相信与否，历经了严冬，必然可等到春暖花开；受住了失意落寞，必然可以等到柳暗花明。

“树根”走出的光明，都是从黑暗中摸索出来的

这个世界上，没有永久的幸福，也没有永久的不幸。

每个人一生中要走很多条路，不管你选择哪一条，困境总会伴着风景一起出现。有的人临阵脱逃，有的人奋战到底。最后，这些奋战到底的人获得了最终的胜利。诚然，挫折虽会打击人的积极性和上进心，但它也有一个致命的缺点：在人为的努力下，挫折的时间并不会持久。

儒勒·凡尔纳是法国著名的小说家、诗人以及剧作家。

凡尔纳出生在一个中产阶级家庭，早期遵从父亲的意愿学习法律，后喜欢上了文学和创作，并于一次晚会的契机，认识了法国浪漫主义作家大仲马，开启了他的创作之路。

这天，刚用完早饭的凡尔纳收到了一个包裹，里面有一封信，写着：尊敬的凡尔纳先生，您的稿件我们审读后决定，不予刊登，特此返还。信中所说的稿件，是他的第一部科幻小说《气球上的五星期》。这已经是第 15 次被退稿了。凡尔纳有些受不了了，他认为出版社的那些人必定没有好好阅读自己的作品。凡尔纳再也不愿意承受等待“出版社宠幸”的压力，他决定放弃。

他拿着退回的书稿走向壁炉，心想干脆把书稿烧掉，“眼不见心不烦”。正当他要往里扔时，他的妻子抢了过去。她安慰他说：“亲爱的，

千万不要灰心，才十几次而已，没关系，再多试几次，总会有出版社能够识得你的才华，或许下一次就能够有好运呢。”

他接纳了妻子的建议，再次投稿。幸运的是，如妻子所说，第 16 次投稿竟然成功了。这家出版社很欣赏他的作品，并签下了 20 年的出版合同。

凡尔纳承受住了 15 次的“被拒”，迎来了第 16 次的光明。的确，当我们在等待一个未知的结果时，我们的心犹如处在黑暗中一样忐忑，找不到光亮的出口，等待着“一切皆有可能”的结果。这样的心境无疑会给我们带来很大的压力，更可怕的是这种压力是毫无防备的，它随时随地都有可能冲进来。

不过，有一句话说得好，乌云的周边总会看到被太阳镶嵌的金边，黑暗的尽头总能够察觉到在风中摇曳的烛光。如此说来，只要我们扛得住黑暗的压力，就能够像凡尔纳一样等来黎明。

还有一点值得我们庆幸，光明和黑暗都是可控的，都是可以掌握的。掌握的钥匙就存在于我们心中，每个人都有，不偏不倚。当黑暗来临时，我们抵住压力，心向阳光，经过一段时间的煎熬和忍耐，黑暗自然退却，光明亦会到来。

所以，不要惧怕长夜，不要恐惧压力，当你承受住了这些，黎明自然不会太远。记住，不到生命的最后一刻，就别轻易下定论，请扛住压力并一直保持期许。

心态阳光了，挫折的颜色也可爱

即便生活给了你一百个哭泣的理由，你应该证明，还有一千个理由可以微笑。

挫折是常事，就好比夏有雷雨、冬有初雪。人活一世，风雨同行，我们行走的每一条路都是一次领悟，我们经历的每一次风雨都有凝重，我们拼搏的每一种生活都存在着辛苦，我们坚持的每一场爱情都有凄楚。人生之路，有快乐，有悲伤；有荆棘，有感悟；有沉醉，有断肠。可不管我们经历多少灾难，路，就在那里，在前方，在我们的脚下。只要我们用坚持去支撑着内心的渴望，用拼搏支撑起跌倒的身躯，用希望支撑着美好的生命，那么人生就是有光彩的，这种光彩能够浸染挫折的颜色，让挫折也变得可爱起来。

吉米·哈里波斯自幼喜欢赛车，梦想着能够成为一名伟大的赛车手。不管他去军队服役，还是退役工作，他都没有忘记这一理想，并且想尽办法地参加所有的车赛。

有一次，他参加威斯康星州的车赛。赛程过半时，他位列第三，继续保持下去就很有可能争取到一个好的名次。这时，他前方的两辆赛车突然相撞，为了躲避这突如其来的危险，他迅速旋转方向盘，想要避开。可遗憾的是，他虽然避开了事故车辆，但却因为赛车速度的原因撞上了车道边的墙壁上，车很快燃烧起来。在这一场事故中，他全身烧伤面积达40%，手部被严重烧伤，甚至失去了鼻子。医生很遗憾地告诉他：由于手部萎缩的缘故，他再也不能开车了。

对于一个视赛车如命的人来说，这无疑是一个致命的打击。让所有人都没有想到的是，即便是在这种情况下，他也没有对生活失去希望，更没有对赛车失去信心，而是抱着乐观的心态，开始积极地配合一切治疗手段：接受了一系列的植皮手术；为了锻炼手指的灵敏度，他每天不停地抓握小东西，即便这会让他疼得满头大汗……

最后一次手术做完后，他回到原先工作的农场。为了让自己的手掌磨出老茧，他不分昼夜地开着推土机，以此方式继续练习赛车。九个月之后，他像一个满腔热血的斗士，再次站到赛场上。他复出后的第二场比赛，拿到了第二名的好成绩。两个月之后，他又在自己备受打击的地方赢得了250英里比赛的冠军，成为美国最具传奇色彩的赛车手。

不可否认，挫折有时候犹如一团烈火，能够摧毁人的意志；有时候挫折又犹如一个深沉的老人，能够启迪人的智慧，淬炼人的心神。如果你心怀阳光，任何挫折都不可能把你击倒；如果你心怀乌云，即便花团锦簇，也难闻到芳香。吉米经受了非常人的苦难，他却没有因此丧失信心，而是以积极的心态去面对已经发生的事情，并相信以自己的能力能够克服这些困难。所以最后他握住了成功，战胜了挫折。

人生长路，谁能够保证一路都是阳光明媚、鲜花烂漫，谁又能够躲避掉狂风暴雨、乌云密布呢？环顾周围，并没有任何一个人的一生是一帆风顺的。恰恰相反的是，越是那些伟大之人，他们经历的磨难和挫折就越多。同样，如果你碰到一些挫折就心灰意懒、转身返回，成功就被阻挡在了墙外。所以，我们应该抱着阳光的心态，不管面对什么样的挫折，都要积极面对，即便历尽艰辛，我们也不要放弃。

别人是我们无法依靠的，我们所能依靠的唯有自己。我们的态度积极了，所有的问题和挫折也都会积极起来。

在不可能改变的事情上，停驻一秒钟都是浪费

我们应该用自己的胸怀接受不能改变的事情，用勇气面对可以改变的事情，用智慧分开两者的不同，不要浪费时间去改变不能改变的事情。

尼泊尔有句很著名的祈祷词："上帝，请赐予我们胸襟和雅量，让我们平心静气地去接受不可改变的事情；请赐给我们力量去改变可以改变的事情；请赐给我们智能，去区分什么是可以改变的，什么是不可以改变的。"很多时候，一些残酷的事实是我们无法选择和回避的，盲目抗拒甚至还会毁掉自己未来的生活，会让人精神崩溃、一蹶不振。当我们面对无法改变的厄运和不幸时，最好的方法就是接受它，然后再试着去改变可以改变的事情。

红顶商人胡雪岩家财万贯、富可敌国，但却在晚年遭遇不幸、家道败落、一贫如洗。此番遭遇并没有让年过六十的胡雪岩垮掉，自暴自弃、心灰意懒似乎并没有在这个老人身上过多显现。他从容应对，接受了眼前的这一切，并尽力收拾着残局。

胡雪岩当时的处境岂止是一个"惨"字可形容的：曾代表清政府向英国渣打银行贷款1800多万两，眼见还款期限已到；政治上成了李鸿章打击的第一目标，克扣偿还款，让胡雪岩有些举步维艰；生意上，惹怒了洋商，因缺乏资金，旗下的很多店铺已纷纷关门；最致命的是，有人说他在为朝廷贷款时私加利息，让他彻底破产。

从富可敌国到一贫如洗，这巨大的落差并没有击垮他。面对如此巨大的压力，他选择承受，但又尽可能地将影响降到最低，把此次事件的影响范围缩小到自己身上。他妥善安置好母亲妻儿，付清了钱庄的款项，后又想了一个权宜之策保住了毕生的心血——"胡庆余堂"。

在不可改变的事实面前，胡雪岩并没有盲目挣扎，而是认清事实、选择接受；在可改变的事情面前，他尽心尽力，竭尽全力地保全了家人和自己毕生的心血。他用自己的亲身经历给我们上了一堂生动的"抗压课"

——接受不可改变的事实，改变可以改变的事情。这看似简单、不用反复诉说的事情，在现实生活中却有着“血”的教训。

2016年8月19日，广东揭阳一女生被短信诈骗骗走了一万多元的学费后，于8月28日离家出走，29日警方在海边找到了她的尸体：因承受不住庞大的压力，跳海自杀，给家人带来了无法弥补的悲痛。

诚然，现在一切的话语都是枉然，不管多深切的字眼也无法挽回这个如花似玉的生命。但是，如果她能够接受已经发生并且不可能改变或者是不可能在短时间内改变的诈骗事实，或许这一切的悲剧就能够避免。虽然，没有金钱是无法生存的，但毕竟在这个世上还有很多东西是凌驾于金钱之上的，比如亲情，再比如生命。有了生命，金钱才有了存在的意义；没有生命，金钱犹如废纸，不值一文。所以，当遇到无法改变的事实时，即便我们内心不愿听从命运的安排，也请接受现实之后再选择重新开始的起点。

李开复在谈到自己的低潮期时，曾说：“如果说我最痛苦的一段时间，就是我觉得被冤枉的打官司的时间……怎样度过低潮期？有一天我突然间想通的，一句非常简单的话，我们应该用自己的胸怀接受不能改变的事情，用勇气面对可以改变的事情，用智慧分开两者的不同，不要浪费时间去改变不能改变的事情……我能做的事情是在法庭证实他们报道的是错的，分得很清楚，什么是我能改变的，什么是我不能改变的，用我的理性、客观……这种理性让自己专注可能改变的事情，不要浪费一秒钟的时间在不可能改变的事情上，这样的理性是帮助我们渡过这个难关的一个重要的方面。”

接受不可改变的事，不是懦弱，不是胆怯，而是把所有的精力都放在那些可以改变的事情上。如果我们无法接受这些，灾难、厄运就会控制我们的心灵，永坠黑暗。我们应该如惠特曼所说：“让我们学着像树木一样顺其自然，面对黑夜、风暴、饥饿、意外等挫折。”更好地把握住可以把握住的机会，享受一个积极的人生。

测试　你的压力有多大

根据自身情况选择合适答案，参照计分标准，得出最后结果。

1.你对婚礼、生日等场合有何看法？

A.不想出现在这种场合，免得还要花钱送礼物

B.尽可能地少花钱，选择一些小巧特别的礼物

C.对自己很重要的场合才会花钱送礼物

2.你的自行车和别人的自行车相撞，并约定好了解决时间，你的状态如何？

A.非常焦虑，有些失眠

B.并不是什么大不了的事情，会尽快解决，不会影响到你的心情

C.等约定时间到了再说，现在不用多想

3.你的电器坏掉了，但你发现财产保险无法弥补全部损失，你会有什么反应？

A.很失望，会抱怨生产公司

B.自己修理电器

C.打算撤销保险，并向有关单位投诉

4.因为某件小事让你和邻居发生了不快，但最后并没有解决问题，你会有什么反应？

A.喝酒解闷，希望尽快忘掉这件事情

B.去对方单位投诉他

C.散散步，或看场电影，以此消除怒气

5.因为工作压力，你和家人发生了口角，你会如何做？

A. 尽可能地让自己放松，保持沉默，以免扩大争执

B. 和朋友抱怨，慰藉情感

C. 找个机会和家人好好谈谈

6. 你爱的人就要嫁给别人了，你会怎么做？

A. 选择逃避，不相信现实

B. 不会过于忧虑，会在剩下的时间里想办法挽回

C. 向她表明自己的心意和态度

7. 你对物价上涨有什么看法？

A. 不管，即便物价上涨也不会改变购物习惯，尽管这会让你多花很多钱

B. 很气愤，但还是会买，甚至会抢购囤货，避免再次涨价

C. 少花钱，制定合理的消费策略

8. 你的能力被领导认可，并交给你一项很重要的工作，你会有什么反应？

A. 想要放弃机会，毕竟工作量太大

B. 怀疑自己的能力，是否可以担负这项工作

C. 仔细剖析工作，做好各方面的准备

9. 你听到一些房租或者是其他月支付涨价的消息时，会怎么做？

A. 从朋友那里打听，想要尽早确定消息

B. 无所谓，会针对实际情况制定相应的措施

C. 逃避现实，被动等待

10. 你在电话里听到自己亲近的人出了很严重的车祸时，会有什么反应？

A. 压抑自己的感情，然后会把消息通知给其他亲友

B. 挂断电话，大哭一场

C. 会很焦急，甚至需要医生的镇静剂来帮你度过

11. 你和爱人经常会因为探望双方父母问题产生争执，你会如何做？

A. 制订计划，轮流探望双方父母

B. 在重要的假期和自己最喜欢的亲人度过

C. 不和家中老人一起度假，麻烦少，也最“公平”

12. 你身体不舒服时会怎么做？

A. 查看相关书籍，自行诊断

B. 告诉家里人，并去医院看病

C. 不管不顾，认为自己可以好起来

13. 你的子女全部离家上学时，你会如何调整？

A. 和有经验的朋友聊聊，听取他们的建议

B. 做公益，寻求自己的兴趣，转移注意力

C. 告诉孩子，希望他们能够多陪自己一段时间

计分标准：

1 ~ 3 题：A.3　B.1　C.2

4 ~ 8 题：A.3　B.2　C.1

9 ~ 13 题：A.2　B.1　C.3

测试结果：

分数越低，压力越小。分数在 21 分以下，说明你的心理压力并不大，有时候还会帮助别人减压；分数在 21 分以上，你的心理压力过大，需要及时调节和控制。

第六章

锤炼心性，我们需要给自己找回安全感

你没办法摆脱恐惧，除非你勇敢面对它

三毛曾说，当我们面对一个害怕的人，一桩恐惧的事，一份使人不安的心境时，唯一克服这种感觉的态度，便是面对它。

如果没有恐惧，危险就不会成为危险。每个人都有恐惧的事物，像个幽灵一样盘旋在我们身后。恐惧，是一种很痛苦的体验，它不像外伤可以包扎痊愈，也不像污垢那样可以清洗，它是一种来自于灵魂深处的情绪，说不清楚、讲不明白，你很难挣脱、逃离。因为，战胜恐惧，远比战胜现实更加困难。

《追风筝的人》一书中写道：我们总喜欢给自己找很多理由去解释自己的懦弱，总是自欺欺人的去相信那些美丽的谎言，总是去掩饰自己内心的恐惧，总是去逃避自己犯下的罪行。但事实总是，有一天，我们不得不坦然面对那些罪恶，给自己心灵以救赎。毕竟，战胜是我们摆脱恐惧的唯一办法。如果在恐惧面前失去了斗志，缴械投降，那么在我们被恐惧缠绕时，“现在”也在慢慢远离。唯有战胜恐惧，才不辜负岁月。

30岁以前，李安是严重怕水的，他的朋友戏称他为“上辈子是猫托生的”“和水有世仇”：洗脸的时候，把毛巾拧得一滴水都掉不下来；用淋浴洗澡，每回不会超过五分钟……他的这些表现源于他幼时的一次经历，几个小孩抓住李安，将他扔进了河的深水区。几分钟之后，他被路人所救，发烧、恶心、昏迷了好几个月，落下了“见水就晕”的毛病。

李安的妻子为了让他战胜对水的恐惧，曾使用泼水节狂欢、饲养金鱼、找心理医生等方式，最后连算命先生都看完了，但都无济于事。直到后来，他的剧本连续被三十多家影视公司拒绝后，一位制作人对他说：“做电影需要疯狂，而你太克制自己了。”仅这一句话，让李安燃起了一个念头：疯狂？还有什么比克服内心恐惧更疯狂的事情呢！于是，他决定从克服“恐水症”开始。

他先是买来一张水床，轻轻一碰，犹如波涛汹涌的海面。他绕着大床转了又转，终于，鼓足勇气、大叫一声倒在床上，随即又立刻弹开。反反复复，经过一个月的时间，他战胜了水床和浴缸。后又只身前往西巴丹潜水学校，还没来得及准备，就被丢进又咸又苦的海水里：呛水了，教练就把他捞上来，“控控水”然后再丢进海里。在海水中泡了三天，他就跟着教练一起出海，每当他快晕厥时，教练就喊喊他，他也很配合地抬抬头。

经过了一系列饱受摧残的训练，李安终于战胜了“恐水症”，纠缠他多年的梦魇就此消失。李安曾说：“人要勉强下自己的。你总要敢于面对某些东西，甚至明知不可为而为之……其实，它们并不像你想象的那么可怕……”

“当我们面对一个害怕的人，一桩恐惧的事，一份使人不安的心境时，唯一克服这些感觉的态度，便是去面对它，勇敢地去面对，而不是逃避，更不能将自己干脆关起来。痛苦是因为你将自己弄得走投无路，你的心魔在告诉你——不要去接触外面的世界，它们是可怕的，将自己关起来，便安全了。这是最方便的一条路——逃，结果，你逃进了四面墙里去，你安全了吗？你的心在你的身体里，你又如何逃开你的心？不要为怕而怕，不要再落入隔世的深渊，不要再幻想外面的世界可怖。”这是著名作家三毛所说的话。

恐惧会支配人的内心，会将我们带入失控的境地，无法进行理性的判断和分析。所以，要想摆脱恐惧，就必须懂得自持，懂得在与恐惧狭路相逢时勇敢面对。你唯一要做的，就是抬起脚来，把恐惧踩在脚下。只要我们敢于面对和承担，恐惧就会如阳光下的雪球，会一点点地消逝。

你比想象中更强大

当发生令人恐惧的事情时，面对和承担是获得内心安宁的唯一手段。

人生如戏，人生就是一场戏，一场打怪就能升级的游戏，就像《微微一笑很倾城》中演绎的那样，不管你是自己打怪，还是邀人合作打怪，把怪物打倒是唯一的目标。只有打倒了怪物，人生才会晋升一级。恐惧就是其中的一只怪物，而且是个大怪物，它在我们生活中是在所难免的，但也正是因为有它的存在，才会激发出我们内心巨大的潜能，才会创造出自己都未曾想象的成绩。

曾看过一个报道，美国 8 岁男孩詹姆斯·巴尼因天气炎热便前往托霍普卡莱加湖游泳，这个湖是禁止游泳的，但他似乎并没有放在心上。

刚跳下水，他就感觉有某种东西在他的腿边来回游动。他以为是某条有趣的小鱼想要和他玩耍，他试着蹲下抓住它，抚摸到了它的尾巴，触摸到了它的牙齿。巴尼立刻明白了围绕在自己身边的并不是一条有趣的小鱼，而是一条将他当成美味的鳄鱼。他害怕极了，他立刻挥动着拳头击打鳄鱼的身体。鳄鱼的嘴巴大张着，马上就要咬住巴尼的身体。巴尼用力撑着鳄鱼的嘴巴，趁机逃出了它的咬合范围，奋力朝着岸边游去。

后来，他被赶来的救援人员救下，并急速送往医院。经查，他全身有 3 处皮外伤，身上有 30 个鳄鱼的牙印，有一处伤口中还嵌入了一颗鳄鱼的牙齿。据当时的目击者说：有一条很长的鳄鱼，在距离他 1.5 米的地方。

很难想象，如果这个新闻没有发生，如果这只是一个假设，那么得出的结果大多必定是“死亡”。可是现实比我们想象的更加戏剧，一个 8 岁的小男孩竟然可以从一条长 2.7 米、重 170 公斤的鳄鱼口中逃生，甚至还得到了鳄鱼的一颗牙齿。这恐怕是很多人都难以想象的。不可否认，如果小男孩因为过多的恐惧而放弃自救的话，他只能得到一个最悲惨的结果。但他没有被“恐惧”吓倒，而是在恐惧面前表现出了巨大的能量，给了人们一个谁也想不到的奇迹，也给了他的人生一个巨大的惊喜。

恐惧，只要你敢于正面对抗，就不是恐惧。作家周国平在《落难的王子》中曾写：“凡是人间的灾难，无论落到谁头上，谁都得受着，而且都受得了——只要他不死。至于死，那更是一件容易的事了。”生而在世，我们万不可每天都恐惧可能存在的灾难，整日杞人忧天，恐惧使我们身心备受折磨，降低了生命的质量。在恐惧面前，当你以面对代替逃避时，你内心的潜能就会最大限度地爆发出来，它能够发挥不可估量的力量，这种力量是我们日常生活中难以遇到的。

2013 年，诗人东荡子因病去世。在最初的时光里，他的妻子聂小雨犹如被世界遗弃的孤儿，“荡子是我的底，这个底突然就没了……”无尽的孤独和黑暗朝她涌过来，看不到边际的恐惧和深渊将她淹没。幸运的是，她没有被恐惧击毁，而是在黑暗中一点点聚集起穿越恐惧的力量，开始了新的生活。这一点在她的《九雨楼札记》中可寻得一点端倪。

聂小雨的妈妈不时哀叹：“这种事情怎么会发生在我们身上呢？”

聂小雨说：“可这样的事情怎么就不能降临在我们的头上呢？在这个造物主创造的世界里，总有幸运与不幸，也总需要有人来承担这些幸运和不幸，而那个承担不幸的人，为什么就不能是自己呢？”

伍德在《你害怕什么》一书中写道：“我们对这个世界的最初体验很可能是充满恐惧的。我们被迫离开母亲的子宫——一个柔和，温暖，安宁，舒适的世界——进入到这个世界——它仿佛是一场充满光亮，噪声，寒冷，疼痛的噩梦。婴儿出生的时候，它害怕得身体紧缩，疼痛得面部扭曲，双眼紧闭。也许，我们与母体脱离之后的第一种情绪就是恐惧，第一个反应就是躲避。”由此可见，每个人都有恐惧，不管是突如其来的恐惧，抑或是与生俱来、内心存放已久的恐惧。这种感觉不会在积压中自动消失，它是需要我们手动清理的，需要我们勇敢面对和承担才能够化解的。

恐惧原本并不可怕，它甚至有点可爱，正是因为有了恐惧，才让我们变得异常勇敢起来，才让我们变得更加强大起来。如果当我们心底对某一事物产生恐惧时，我们与生俱来的想象力会把它们无限地放大，而把自己放在一个非常渺小、无法匹敌的位置上。犹如“黔驴技穷”中的老虎，当它面对驴子这个新物种时，它把它想象得无比强大，甚至一声“驴叫”就足以吓得它落荒而逃。但当它真正面对、了解了这个“恐惧”是虚张声势时，便再也无所畏惧，把驴吃了。

所以，在恐惧面前，不要畏惧、退缩，要勇敢地站出来对抗，即便这种对抗会让我们有一瞬间的绝望。但只要穿过了这层绝望，我们就能够遇到更强大的自己，就能够拥有无穷的力量。

20年后，让你失望的必定是你现在不敢做的

20年后，让你感到失望的绝不是那些你已经做过的事，而会是你想做而又没敢做的事。

马克·吐温说：“20年后，让你感到失望的绝不是那些你已经做过的事，而会是你想做而又没敢做的事。所以，请解开自己身上的绳索，勇敢地驶离安全的港湾，扬帆起航。去探索、去梦想、去发现。”

惧怕，是人的天性，生下来就如此，就有一些不敢做的事情。长大后，因为懂得“勇敢”的后果，所以变得更加畏畏缩缩。有人宁愿不曾拥有也不敢坦然面对失去，有人宁愿选择逃避也不敢勇敢承担后果。因为太多的“不敢”，放弃了很多原本可能属于我们的东西。

现在，假如你的生命还有一天，你经历了学习、工作，感受了结婚、生子。那么如果问你两个问题，你会做如何的回答呢？

你对自己的一生感到骄傲吗？

你有没有很充分地享受自己的人生？

谢尔·英格·洛克曾在自己的电脑上安装过一个倒计时软件，它以人的平均年龄为基准，算出洛克的生命还剩下多少年、多少天、多少个小时、多少分钟、多少秒。看着电脑上日益减少的数字，洛克感到无比的紧迫，几乎没有时间去思虑这件事情“敢不敢”，而只考虑“想不想”。这种方法对于一部分人来说，确实是很有效的。它会提醒你人生短暂，不要留下遗憾。

王石，是我国著名的企业家。1995年，他的腰椎出了问题，医生认为他随时都有瘫痪的可能。换句话说，当时44岁的他下半生很有可能要和轮椅做伴。当生命受到打击时，人们或许才感觉到时光的流逝。当下他便做了一个决定，瘫痪之前他要去做一件自己一直想做却没有做的事情——攀登珠穆朗玛峰。王石当时说：“即便我瘫痪了，坐在轮椅上依然可以做董事长，但是要再想去爬山那就不可能了。所以瘫痪之前我一定要去珠峰顶看看。”

为了登上珠峰，他练习攀爬了十几座山，学习了滑雪，学会了滑翔伞。经过近十年的准备，2003年他登上了珠峰。这在他生病之前是绝不敢去做的事情。

接下来，王石又带给人们一个震撼：他要去哈佛上学了。

对于上学这件事情，王石这样表示，他一直有个上哈佛的梦，但因一直太忙又苦于语言不通，一直没敢实施。2008年，他在香港科技大学教书，明显感觉到了自己知识量的不足，这才下定决心去进修。

去哈佛留学，最大的障碍是语言。为了弄明白，他只好讨好和自己女儿一般大的同学，复制她们的笔记，然后再一点点地研究学习。每天八点半上课，每晚学到凌晨三点多，这对于当时近60岁的王石来说无疑是一种折磨。一个月没到，他的精神几乎就已经处于崩溃边缘了。

他想过放弃，但内心又有一个声音告诉他：这不是你一直想要做的事情吗？如果此时放弃了，以后就没有机会，这也必将会成为一生的憾事。想到此，他咬咬牙坚持下来了。在哈佛留学两年半后，又跑去了剑桥留学。

诚然，人的一生有很多个阶段，每个阶段有每个阶段的任务。活在当下、敢于追求就是对每个阶段的最好诠释。随着年龄的增加，你的阅历也会相应丰富。当你耄耋之年时，肯定会比毛头小子的你看法更清晰。但是，如果你到了耄耋之年才明白这个道理，那你还有什么补救的方法？除了懊恼、失望、悔恨，没有一点办法。

如果说年轻人的“不敢”还有些生理体现，那么中年人的“不敢”大多都出于对未来的畏惧了。中年时期，工作稳定、家庭美满、儿女双全，年过不惑的你在面对自己想做的事情时，必定会有一些犹豫，尤其是那些略带挑战和风险的事。他们更不愿意改变自己已经定型的生活方式，毕竟人是“习惯”的动物，“未知”会让我们的心不安定。那么请你想想，如果你的职业生涯只剩下几年、十年，你真的甘心就这么庸碌地走下去吗？真的保证之后不后悔吗？如果不能，还是希望你慎重决定。

勇者敢于出发的动力在于，他们知道即便开头再艰难，终有一天他们肯定会顺利地回来，终有一天他们的付出会得到回报。“勇敢”只是一瞬间的事情，但它却足以调动你的积极性，让你立即去行动。

你敢做别人不敢做的事情，必能够拥有别人不能拥有的东西，这是“勇气”给你的最大安全感和答案。未来是自己的，不要问能不能，而要问敢不敢。

把注意力放在你想要的东西上

把注意力过多地关注在可能会出错或者是不能做的事情上，只会让我们停滞不前。

“当我们活在当下的那一刻，才能斩断过去的忧愁和未来的恐惧，当我们斩断过去的忧愁和未来的恐惧，才可以得到真正的自由。”林清玄如是说。不可否认，恐惧是我们每个人都有的情绪反应，它会随时随地出现在我们的任意一个时刻：我们担心事情会变好，也会恐惧这件事情会变糟；我们对人生充满了忧虑，但却又对死亡充满了恐惧；我们担心别人会对我们有意见，又恐惧自己做得不够好……恐惧几乎无时不在，它有时会掌控我们的生活。当然，也不乏一些这样的人，他们把恐惧当成动力，以此来改变自己目前的表现。就好比一些登山者经常说的那样：一定程度的恐惧，会让他们在攀登过程中提升成就感，会给他们的人生带来更多的激情。不过，对于大部分的人来说，把注意力过多地放在那些不能去做或者是容易出错的事情上，只会让他们停滞不前。

《战胜恐惧，勇往直前》一书中将恐惧分为了三个层次：第一个层次，人们对于外部环境的恐惧，比如战争、意外、孤独等；第二个层次是来自于内心的恐惧，这种恐惧的定义比较模糊，它主要来自你自身的情况，比如害怕黑暗、害怕失败、害怕被人议论等；第三个层次的恐惧就是我们无法掌控的事。其实，对于我们来说，那些无法掌控的事才是我们真正恐惧的。

曾经，一个高尔夫球员求助于挪威作家埃里克·贝特朗·拉森。他对拉森说，他很惧怕把所有的精力都投放在高尔夫球上，而无法去做其他的事情，尽管他确定这是他最喜欢、最想要的职业。他做好了一切的准备，只是没想到却被很多事情扰乱了脚步。

高尔夫球的竞争很激烈，家人朋友都不赞成他孤注一掷地把所有的时间都放在高尔夫球上，认为这是一件很冒险的事情。

拉森说道："对于这件事情，你已经进行过四次咨询了，每一次都是聊这个话题。不可否认，人们潜意识中都会寻求一种安全感，大部分人的确也是这么做的，这也是人类之所以能够发展到今天的理由。不过，我们可以这么想想：如果最终你选择了高尔夫球这条路，并一心努力着要成为世界上最优秀的球员，但最后你却失败了，你会怎么样呢？"他有些犹豫地说："这就浪费了我太多的精力，错过了很多机会，而且牺牲掉很多和家人朋友在一起的时间。"

拉森有些着急，他必须转换他的思维模式："你喜欢高尔夫！你热爱它，这是一个很好的开始，也正因为如此，你才愿意在它身上花费很多的时间。难道你要把一辈子的时间都放在别人希望你做的事情上吗？你愿意把时间花在你不喜欢的事情上吗？你想要和其他人一样平凡地生活吗？当你年迈时，你想怎样总结自己的一生呢？是想说'我做了很多份工作，学习了一些知识，还学会了打高尔夫球’，还是想说‘我竭尽全力，我很年轻的时候就已经是一名高超的高尔夫球手了’。那么你的选择到底是什么呢？”

拉森看了看这位球手，继续说道：“从现在开始，请把你的注意力放在你想要的东西上。你要强制自己采取某一个行动去争取你想要的结果。不要害怕这条路行不通，毕竟当它真正行不通的时候，你还有很多条路选择，或者上学或者工作，但能够肯定的是，如果你选择现在放弃，那么你肯定就不会成功。生命只有一次，不要因为害怕失败而放弃自己喜欢的事情。想象自己成为世界顶尖高尔夫球手的样子吧，你应该从现在开始做好迎接成功的准备。别害怕，全力以赴去追求自己想要的东西。”

终于，这个人下定决心，把害怕抛在一边，把所有的注意力全部放在高尔夫球上。

其实，我们在做某一件事情时，考虑可能出错的地方是情有可原的，毕竟要想把“这件事情有可能会失败”的念头全部压下去是不可能的事，但是不应该把全部的注意力都放在这个上面。否则一旦让这种念头占据我们的大脑，就会给我们带来混乱，打乱原有的计划，阻碍我们前行。

恐惧是我们想象出来的东西，就好比胆小的人总害怕床底下会有鬼，可只要你低头看看就会发现这只不过是你的想象；如果选择不看，这种想象就会弄得你忧心忡忡，情绪难安。追求自己想要的东西也是如此，如果你不去尝试，就永远不知道结果如何，永远会惧怕“失败”的可能。

所以，在人生道路上，我们可以用 10% 的精力为恐惧的事情做准备，剩下的 90% 放在你想要的东西上，如此才更容易获得成功。

别惧怕还未发生的事情，把当下的事情做好，就是对永恒最好的交代。

别惧怕平凡，我们应努力但不要着急

周国平说，人世间的一切不平凡，最后都要回归平凡，都要用平凡生活来衡量其价值。伟大、精彩、成功都不算什么，只有把平凡生活真正过好，人生才是圆满。

平凡是世间最普遍的，我们大部分人都属于平凡的一分子，过着平凡的生活，经历着平凡的事情；平凡又是世间最伟大的，它使我们每个人的生活都各成一体，即便是最平凡的人也要在他的那个世界里奋斗，让枯燥的人生变得有意义。

每个人都喜欢激昂的生活，只是忽略了平凡才是人生的底色，更忘了大多比较重要的东西都是平凡的，比如水，比如空气，没有它们我们将无法生存；比如绿叶，比如青草，没有它们我们就无法呼吸到新鲜的氧气；比如泥土，比如落叶，没有它们我们便无法维持生命的营养……这些最重要的东西却恰恰都是最平凡的。

有些人厌恶平凡，认为它是一种非常平庸、浅陋的东西。其实不然，平凡虽普通，但绝非是自甘平庸，绝非是浅陋。生活，就是以平凡为基调的，是生活的底色。那些创造不平凡的人，在他们大多数的时光里其实都有平凡的影子，只是积累得多了，在平凡中显示出了他们伟大的价值。说得通俗一点，伟大和不平凡恰恰都是孕育在平凡中。

当代作家梁晓声曾受一所著名大学邀请，前去讲座。讲座中，他和一个男生进行了如下对话：

这个男生说："如果我在三十岁以前，或者是三十五岁以前，我还无法让自己摆脱平凡，我就会自杀。"

梁晓声询问："在你眼中，什么样的生活是不平凡的呢？"

男生继续回答："那些成功人士就是不平凡的。"

"具体说说看。"

"意思就是说，一定要有自己的房子、车子，一定要成为一个有社会地位的人。最起码还要有一笔数目可观的存款。"

"那么，在你看来，什么样的房子、车子才能够代表你的身份地位，又有多少存款才属于数目可观呢？"

男生有些犹豫，说："这个问题，我倒还没有仔细地考虑过……"

不平凡固然伟大，但是平凡就真的会如此不堪吗？小小的尘埃是平凡的，但当它在空中凝结时，就会生成滂沱的大雨；小小的沙石是平凡的，但经过河蚌体内的打磨，就能够生成光彩熠熠的珍珠……你看，再平凡的事物，只要努力打磨，就能够成就不平凡。

《传承者》有一期节目中，几十个来自山西稷山的农村孩子表演了一出精彩的高台花鼓。这场花鼓遭到了几个"专业"青年评论员的不专业的点评：

节目形式不新颖，没有创新；

人太多，没有一个突出的焦点，每张脸都一样，没有特色；

……

面对青年点评员过于主观的说法，在场的老戏骨陈道明老师看不下去了，他说：“每一张脸怎么会是一样呢？是你没看见他们每一张脸的样子。世界上没有这么多主角，大部分人一辈子可能要甘于寂寞，甘于平庸，但是请不要否定她们的努力。况且，你们连基本的常识都没有就否定了它的存在。这个节目就是群体性质的，它需要整齐划一，难也难在整齐划一上……”，其实，正是这一个个平凡的小演员才造就了这一场精彩绝伦的演出。

最后，陈道明老师说的一番话，更是道出了平凡的伟大之处：“人在各种职业当中，要有一种敢于寂寞的精神准备。所以希望孩子们，你们要努力，但是不要着急，凡事都应该有个过程。”

陈道明，一个老艺术家。他跑了七年的龙套，才有了出头的机会。可现实生活中，有些人急着摆脱平凡，于是便在各行各业中不停地试探：做了两年的销售员，觉得没有出路便着急离开；做了一年的龙套，便以看不到光亮为由，辞职离去……这种人是惧怕平凡的，但却又亲自用行动造就了平凡。

面对平凡，不用惧怕，也不要着急，你只管努力就好。要知道，退步是进步的开始，输是赢的开始，放下是得到的开始，给予是回报的开始，而平凡是伟大的开始。

把平凡的事情做好就能成就不平凡；把简单的事情做好就能够成就不简单。

测试 你的安全感强吗?

根据自身情况选出合适答案，对照计分方法得出最后结果。

1. 从来不敢主动说出自己的想法。

A. 非常符合

B. 基本符合

C. 不确定

D. 基本不符合

E. 非常不符合

2. 认为生活总是充满了不确定性和不可预测性。

A. 非常符合

B. 基本符合

C. 不确定

D. 基本不符合

E. 非常不符合

3. 经常放弃自己的要求和愿望。

A. 非常符合

B. 基本符合

C. 不确定

D. 基本不符合

E. 非常不符合

4. 总是担心有什么不好的事情要发生。

A. 非常符合

B. 基本符合

C. 不确定

D.基本不符合

E.非常不符合

5.从来不懂得拒绝朋友的请求。

A.非常符合

B.基本符合

C.不确定

D.基本不符合

E.非常不符合

6.遇到不开心的事情时，你会选择独自大哭一场或者是生闷气。

A.非常符合

B.基本符合

C.不确定

D.基本不符合

E.非常不符合

7.总认为自己非常的倒霉。

A.非常符合

B.基本符合

C.不确定

D.基本不符合

E.非常不符合

8.在别人眼中，你是一个非常害羞、容易退缩的人。

A.非常符合

B.基本符合

C.不确定

D.基本不符合

E. 非常不符合

9. 经常害怕好朋友会远离自己，或者是两人的关系会变坏。

A. 非常符合

B. 基本符合

C. 不确定

D. 基本不符合

E. 非常不符合

10. 对于领导一直是敬而远之的。

A. 非常符合

B. 基本符合

C. 不确定

D. 基本不符合

E. 非常不符合

11. 经常担忧自己的情绪或者是思维会失去控制。

A. 非常符合

B. 基本符合

C. 不确定

D. 基本不符合

E. 非常不符合

12. 不喜欢求人，即便在困难的时候也不愿意。

A. 非常符合

B. 基本符合

C. 不确定

D. 基本不符合

E. 非常不符合

13. 经常担心自己的生活会一团糟。

A. 非常符合

B. 基本符合

C. 不确定

D. 基本不符合

E. 非常不符合

14. 对于突如其来的危险有些束手无策，没办法应对和处理。

A. 非常符合

B. 基本符合

C. 不确定

D. 基本不符合

E. 非常不符合

15. 害怕和别人建立比较亲密的关系。

A. 非常符合

B. 基本符合

C. 不确定

D. 基本不符合

E. 非常不符合

16. 不管别人怎么开导，你都认为自己是个无用之人。

A. 非常符合

B. 基本符合

C. 不确定

D. 基本不符合

E. 非常不符合

计分方法：

A.1 B.2 C.3 D.4 E.5

测试结果：

16 ~ 32 分：非常没有安全感，对自己缺乏自信心。

危机感和不安全感极强，自信心严重缺乏。过于自我压抑和谦虚，总认为自己没有别人强。总是把自己的缺点挂在心上而忘了自己的优点。

33 ~ 64 分：很有信心，不过还是有一点缺乏安全感。

你对自己非常有信心，但也会自我怀疑。这种不安全感源于对不确定因素的担忧，以及对自身缺点的忧虑。不过，你对人宽容友善，大家都很喜欢和你交往。

65 ~ 80 分：安全感极强。

你是一个极其有自信的人，对别人信任，别人也信任你。你能够依照自己的想法生活，没有太多的忧虑和担忧。你和每一个人都能够相处得很好，心态很开朗，乐于分享，处理事情比较得当。

第七章 坏习惯不可怕，可怕的是你控制不了它

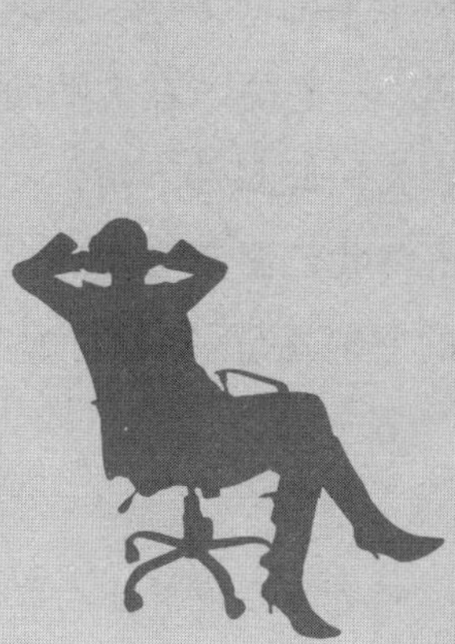

你总有很多借口，让自己的不优秀变得心安理得

借口是一种思想病，染上这种病的人都是失败者，毫无例外。

贾森·基德是美国职业篮球运动员。他很小的时候，父亲便带着他去打保龄球。小基德打得并不好，于是便给自己找各种借口来解释这种“不好”。他的父亲对他说：“不要再为自己找借口了，这并不是理由。你之所以打不好保龄球，没有其他的原因，是因为你不够努力，不经常练习。”父亲的一席话让小基德发现了自己的缺点，便努力修正，并自此不再找寻任何借口。这也是他成功的秘诀之一。

恐怕现实生活中有很多“小基德”，他们喜欢把一件事情的失败归结于外界，并为此寻找很多个理由来为自己解释：把学习不好归咎于环境，把上班迟到归咎于路况，把业绩平平归咎于薪资，把肥胖的身躯归咎于忙碌，把别人的成功归咎于幸运……总之，在失败面前，我们永远不缺少借口。其实，如果我们真的想要做好某件事情，如果不去做，就会食不知味、夜不能寐，那么这件事情我们必定会做好，因为我们发自内心的喜欢。有时候，我们和成功者的差别就是：他们喜欢为成功找方法，而我们总为失败找借口。

他是个四川娃子，出身贫穷，初中毕业后便外出打工。后来，他进入一家房地产代理公司做了一名发单员，底薪300元，还不包吃住。如果一个月没有生意的话，他就只能指着这300元过生活。第一天上班，

老板给他们开会，并说了一句“不要找借口，一定要懂得找方法”。

他把这句话写在卡片上随身携带，警示自己。上班后，每天6点出门，晚上12点时还在发传单。拼死拼活地做了三个月，却是一单生意都没有。即便如此，他也没有找寻任何借口，而是一直努力。后来，业务多了，公司便把他提拔为业务员，销售高档房。千辛万苦地奋战了两个月，终于迎来了第一个客户。此时他却紧张起来，双手冒汗，脸憋得通红，最后除了简单介绍了一下楼盘，对于客户的问题他一无所知，完全不知道怎么应对。一单生意就这么泡汤了。

为此，他又开始苦练口才，他主动上街和陌生人说话，介绍楼盘。几个月后，他的口才能力有了很大的提高。慢慢地，他开始有了业绩，虽然业绩是业务员里比较差的，但他很高兴，毕竟生存是没有问题了。

再后来，为了提升自己的能力，每当资历深的业务员在和客户交流时，他就坐在一边听，学习他们如何介绍楼盘，怎样和顾客拉近距离，甚至还购买了很多关于营销方面的书。他试着了解客户的心理，判断客户的需求以及购买能力。渐渐地，在和客户沟通时，他能够抓住重点了，开始有针对性地交流了。显而易见，他的业绩也开始稳步上升。

如今，他的业绩已非寻常业务员所比，他的年收入更是以百万计。他就是胡闻俊，而“不找借口，只找方法”的老板就是潘石屹。

很明显，胡闻俊之所以拥有现在的成绩，就是因为他在困难、失败面前从来不找借口，只会一心一意地找寻方法，所以他才会成功。石油大王洛克菲勒在给儿子的信中，也曾提到：借口是一种思想病，染上这种病的人一定是个失败者，毫无例外。在我们周围，只要多加留意，就会发现很多这样的人，他们没有作为，似乎也没有打算成为一个有作为的人，他们每天都有一大堆的借口等着去诉说：他有做不到的借口，有不晋升的借口，有失败的借口，有不优秀的借口……

世界上说出“我的成功是依靠我的努力”的人有很多，而能够说出“我的失败是我自己促成”的人却寥寥无几。失败者一旦有了一个“好”的借口，他就很难再成功了。

记住，成功属于不找借口的人。要想改变自己的生活现状，就请扔掉借口，立即行动起来。

我们之所以不强大，是因为我们过得太舒服

世间只存在两种人，一种是强者，一种是弱者。强者给自己找不适，弱者只知道找舒适。

《士兵突击》中许三多有句话：“人不能过得太舒服，太舒服就会出问题。”太舒服，会让人安于现状、不思进取；太舒服，会让人没有目标、内心空虚；太舒服，会让人懒于改变、浑浑噩噩。把自己置于一个很舒服的境地是很危险的事情，人一旦过于舒服，就会忘记进步，会忘记奋斗。等时光匆匆过去，脸上留下了岁月的痕迹，心灵却未曾得到岁月的滋补。

有人总问，什么才是生活？生活就是有人比你强，有人比你弱，有人比你幸运，有人比你不幸，这就是生活。很多人责怪命运赐给你的过于少，生活对待你过于吝啬刻薄。殊不知，那些成功之人，亦在生活中有过挣扎和绝望，有过努力和困惑，但他们和我们不同的是，他们经过努力后穿透了黑暗，使光芒绽放出来。所以，要想成为梦想中的自己，就必须狠狠心，别让现在的自己过得太安逸。

王石曾说：“这个世界上有两种人，一种人是强者，一种人是弱者。强者给自己找不适，弱者给自己找舒适。想要变得更强，就必须要学会强者的必备技能，那就是让不适变得舒适。如果你学会了这种技能，你就可以搞定很多事情，比如克服拖延，学习新的语言，探索未知领域等。”不过，在现实生活中，很多人都喜欢回避这种不舒适感，毕竟但凡有所回报的事情，它的过程都是艰辛的、痛苦的，甚至还会让自己遍体鳞伤，它需要我们用足够的毅力和努力去做这件事情。因为这种不舒服会持续很久的时间，直到你把它当成日常的习惯，才可以将不适改成舒适，犹如我们早晚刷牙一般。比如，我们要想改掉懒惰的毛病，就必须制订详细的计划，强迫自己去做一些事情，直到任务完成。在这种过程中，我们必然会遇到一些困难：拖延症“病发”，内心的抗拒等，我们要和它们进行顽强地抗争，直到把它变成习惯。

余秋雨先生曾说：“若要列一份被当今国际社会广泛接受的东西方艺术家的名单，我想，在最前面的几个名字中，一定有林怀民。”林怀民，我国台湾著名舞蹈家，“云门舞集”的创始人。

“如果明天和今天一样，我宁可不要起床”，这是他经常挂在嘴边的一句话。他自称自己是一块滚动的石头，永远都在东张西望。林怀民年轻时写小说，屡遭退稿，也没有放弃。二十几岁时开始学习舞蹈，因为骨头已经成形，他必须付出比其他人多几倍的努力，用他的话说：“任何有杆子的地方，我都会把脚挂起来，不管是在等地铁还是在等巴士。”后来开始做舞团，为了支撑舞团的运营，他东奔西走，争取更多人的支持和帮助。不过，林怀民也有过退缩之心。

因为财务上的问题，他突然想要放弃。那段时间，他经常呆坐在巴厘岛的某个地方，开始思考之后的人生之路：人生有那么多条路，难道非要走舞蹈这条路吗？从巴厘岛回来后，他就开始给职员安排出路，准备停掉舞团。

这个念头被一个计程车司机打消了。有一次，他乘坐计程车，司机很关切地问："听说您有停掉舞团的打算，为什么呢？"林怀民把创建舞团之后遇到的各种辛苦全部"倒"给了司机，希望他能够理解自己的决定。当然，司机也表示了理解和安慰。不过，下车的时候，司机对他说："林先生，我们每天在台北街头开车跑来跑去赚生活也很辛苦，每一个行业都很辛苦。可是台湾没有'云门'很可惜，我们也觉得很寂寞。林老师，加油。"这句话给了林怀民很大的冲击。是的，不管哪个行业都是非常辛苦的，一直给自己找寻舒适的人，才是真正不舒服的人。

于是，他决定继续做下去。他每天工作18到20个小时，即便年过七旬，他也保持每天工作14到16个小时。他曾躺在石头上睡觉，把石头变成天底下最舒服的床。在他看来，在石头上睡觉并不是一件舒服的事情，刚开始怎么都无法入睡，但当你转变自己的想法，让自己去适应这种不适时，这种不适感也就消失了。

而今，"云门舞集"早就成了国际舞坛上的常客，深受各国百姓的喜爱。

石头当然没有床舒服，没有一个人能够很轻松地在石头上睡觉，但当你适应这种不舒服时，这种不舒服也就会消失了。关键是，你要敢于离开床的舒适，敢于去石头上睡觉才行。当你迈出这一步时，你的生活将会发生各种可能。

希望每个人都有这种勇气，不要迷茫，不要过早地享受安逸，而是应该去做自己想要做、喜欢做的事情，过自己想要的生活：喜欢烘焙的去学习做蛋糕，喜欢写作的不在乎时间早晚，喜欢健身的不要让自己赖在床上……当你年迈时，希望回头时不会有遗憾，不会感叹这一时期的荒废时光，而是欣喜，因为自己的勇敢，让当时的自己活出了最美好的样子。

拖延是瓶稀释剂，所有积极的东西都会减少一半的效力

世界上大部分的人之所以一事无成，都是因为拖延的恶习，因为拖延会降低人的积极性。

“明日复明日，明日何其多，我生待明日，万事成蹉跎。”这是老生常谈的话，虽然“老”，但却很“实用”。拖延症者喜欢抱着“车到山前必有路”的幻想，给自己的拖延找寻一个合理化的借口，为自己开脱。其实，即便山前有路，这条路也是留给那些有准备的人。这个准备，就是你现在的计划，以及你针对计划所作出的具体的行动。

可惜，人们做事时总有拖延的习惯，喜欢在行动之前先享受一下安逸，甚至期限快到时还未开始行动。世间百分之七八十的穷人，并不是因为环境或者是出身，而是在于他们明知道这件事情有益却又不愿意有所作为，这才是他们一直处于贫穷陷阱的真正原因。对于拖延症者来说，“拖延任务、决策和承诺”几乎成了他们人生中的主题，他们尽可能地拖延所有，不分大小，不分轻重，一再拖延，直到火烧眉毛，事情堆积如山。更为可怕的是，拖延症还是一瓶有强力的稀释剂，即便是最有能力的人，在它面前也会失去一半的效力。

乔治·布林顿·麦克莱伦是美国的一位著名将领，也是最受非议的一位将领。他是西点军校毕业的优等生。南北战争时期，由于他改造了

北方军队的后勤系统，致使他名声大噪，被林肯提拔为北方军的总司令，人们还称他为“小拿破仑”。

只是，这位“小拿破仑”是一个极其拖延之人。他上任之后的一年时间内，他所率领的军队几乎没有任何动静，因为麦克莱伦一直拖延着不肯出击，致使北方军错失了很多痛击南方军的机会，错失了很多胜利的时机。

1862 年，在“安提坦战役”中，麦克莱伦有一个绝佳的机会能够一举拿下里士满，歼灭南方军。但是由于麦克莱伦的犹豫和拖拉，使得北方军与这个胜利机会失之交臂。在北方军兵力高于南方军两倍的情况下错失战机。也正因为这一次的失利，使得南北战争又拖延了 3 年才结束。

对于麦克莱伦将军，联邦总将军亨利·哈列克这样评价：“麦克莱伦有一种超乎常人想象的懒惰，只有阿基米德的杠杆才能够撬得动这个巨大的静止。”渐渐地，麦克莱顿的拖延摧毁了林肯以及北方军内部对他的信任，最后他被解除了军职。

在麦克莱伦的拖延下，明明可以尽早结束的战争，又被硬生生地拖了 3 年时间；明明可以一举歼灭南方军，却在他的拖延之下，放虎归山，埋下后患。也正因为拖延，麦克莱伦付出了应有的代价，被解除军职。这也给我们现代人一个警示：患有拖延症的人，总会把可以得到的成功变为不可能。有人说，评价一个人有没有拖延症，可以从三个方面看：第一，对事情不感兴趣，甚至抱有抵触心理；第二，总想着先享受再做事；第三，追求完美，在没做好准备时不会轻易开始。第一、二点则是我们普通人通常具备的。

从未有任何人喜欢拖延的结果，但却有大量的人重复着拖延的过程。要想得到理想的效果，还请你先把眼前之事做好，不要只期盼着明天，却忽略了今天。毕竟你所有的明天都是由无数个今天组成的，谁也不知道明天会发生什么，但今天的行动却能够决定你明天的未来。

测试 你的拖延症严重吗？

根据自身情况，选择合适答案，得出最终结果。

1. 不到最后期限，从不上交工作。

A. 是　　B. 否

2. 上班的时候喜欢浏览网页，快要下班时才开始工作。

A. 是　　B. 否

3. 没有工作计划，也从不进行时间管理。

A. 是　　B. 否

4. 白天可以做完的事情，非要拖到晚上做。

A. 是　　B. 否

5. 总认为时间足够多，所以不着急。

A. 是　　B. 否

6. 特别懒散。

A. 是　　B. 否

7. 领导询问你的工作进度时，你总会说：“我需要再看看。”

A. 是　　B. 否

8. 上班的时候喜欢吃零食。

A. 是　　B. 否

9. 总会为自己找借口。

A. 是　　B. 否

10. 总认为一切都来得及，实在不行通宵也可以。

A. 是　　B. 否

11. 处理问题时没有主次概念，忙活了半天，最紧要的工作却没做。

A. 是　　B. 否

12. 因为你的拖延，最后只能草草交差，为此常受到老板的批评。

A. 是　　B. 否

13. 不管别人怎么催促，你都定力十足，不在乎。

A. 是　　B. 否

14. 从来不主动汇报工作。

A. 是　　B. 否

15. 同事并不喜欢和你一起合作。

A. 是　　B. 否

计分标准：

A.1　　B.0

测试结果：

0 ~ 4 分：轻度拖延症，但也不要掉以轻心，而是应该尽早行动，将它扼杀在摇篮中。

5 ~ 11 分：中度拖延症，它似乎已经成了你的一种工作习惯，需要一定的时间和耐心来改变。

12 ~ 15 分：重度拖延症，一定要重新审视自我，规划职业定位，找到自己的兴趣所在。

对于重度拖延症患者，可以这样做：

制订一个可以操作的目标，而非模糊、抽象的目标。不是我要战胜拖延，而是我应该在八月十五日之前做完手中的工作。

把目标分成几个具体的小目标，比较容易达成。小目标不是我打算写份报告，而是我今天要用一个小时的时间把报告写出来。

做好应对困难的准备。

奖励自己进步的每一小步。

第八章

平静并非要躲开喧嚣，而是要在心中筑篱养菊

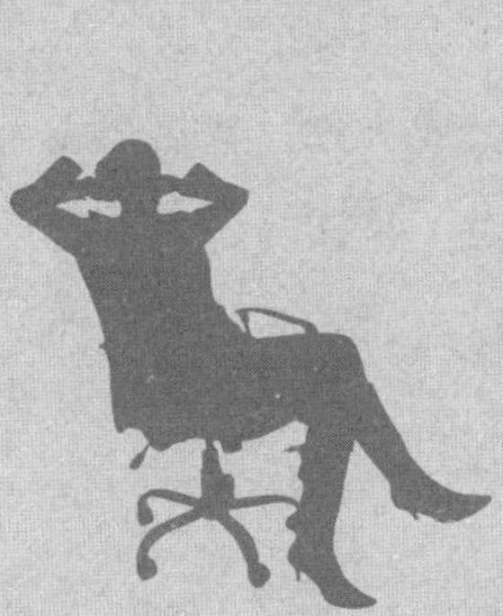

柔软之心是冰凉尘世里的炭火，给每个人的心辐射温暖

柔软之心是无坚不摧的，它能够战胜外界的一切困难，能够包容外界的一切喧嚣。

中国台湾作家林清玄在《你心柔软却有力量》一书中写：“唯其柔软，我们才能敏感；唯其柔软，我们才能包容；唯其柔软，我们才能精致；也唯其柔软，我们才能超拔自我，在受伤的时候甚至能包容我们的伤口。”柔软，是一味“百灵药”，它拥有化干戈为玉帛的力量，能够让剑拔弩张归于平和，能够让满身戾气趋于宁静。那些有着大智慧的人，都懂得“柔软之心”的力量。

“天下莫柔弱于水，而攻坚强者莫之能胜，以其无以易之。”水，是天下间至柔的东西，但它却能够击穿坚硬的石头。水，没有到不了的地方，没有改变不了的形态，遇冷会成为冰，遇热会成为气。柔软，会沉默、会隐忍、会改变，但柔软绝对不是软弱。它是面对强硬时的一种迂回，是面对暴力时的一种隐忍，是面对不公时的一种忍耐，是面对恶势力时的一种抗争……柔软之心，能够战胜一切。

稻盛和夫年轻时曾经和父亲一起去拜访一位高僧，希望能够解答人生之路的疑惑。高僧仔细打量了稻盛和夫一会儿后，便对他的父亲说：“这

个孩子并不需要询问什么了，你们回去吧，只要让他多说‘谢谢’就可以了。”自此，稻盛和夫真的经常把“谢谢”挂在嘴边。

稻盛和夫并不是绝顶聪明之人，上学时的成绩并不好。医生是他的职业理想，但最后却只能在一家陶瓷厂做一个小工。经济萎靡，工厂濒临倒闭，员工得不到工资。其他的员工精神不振、工作消极，经常以“罢工”来宣泄内心的不满。当时，和稻盛和夫同期的四个人全都辞职了，但稻盛和夫却留下来。他住在实验室里，每天不断地思考、模拟，最后，没有专业知识和专业技术的稻盛和夫，竟然创造出了世界领先的技术发明，拯救了这个工厂。

后来，他创办了京瓷公司。初期，公司只有八位员工，各个都是这方面的专家，尤其是一个叫井上的人，更是出色。为了让井上有个好的办公环境，稻盛和夫让出了自己的办公室和私家车，就连刚刚装修好的家也让出来给他和其他几个员工住。自己则租住在一间又破又小的房子里。

稻盛和夫说：“很感谢你们可以和我一起工作，我只是一个做梦的人，而你们是筑梦的人。做梦并不需要太大的地方，但筑梦却需要！”稻盛和夫的这种退让、谦虚的行为打动了这些员工。最后在井上的带领下，用了仅十年的时间，便让京瓷成为全球知名的一家上市公司。

稻盛和夫52岁时又创办了第二电信，是目前日本第二大通信公司，他本人也被称为日本的“经营四圣（索尼创始人盛田昭夫、本田创始人本田宗一郎、松下创始人松下幸之助、稻盛和夫）”之一。稻盛和夫一生创造了两家世界500强企业，但他在退休的时候却将自己的全部股份捐赠给员工，自己则遁入空门，去提炼心智。要说起稻盛和夫的成功，就在于他有一颗无比柔软的心：懂得感恩，懂得在艰难困境中寻找出路、百折不挠，懂得礼让和隐忍，懂得照顾他人……

拥有一颗柔软之心，才能够让“我们在俗世中生活，还能够时时感知自我的清明”。柔软之心，是一味良药，能够医治人们内心的不满、怨愤、嫉妒、不公，能够化解人与人之间的矛盾和凉薄，能够让暴力之人变得温暖和平和，能够让自私之人学会为他人着想，能够让本就柔软之人变得更加美丽和善良。

柔软，性温，味甜，能够治疗人生中的各种疑难杂症，男女老少皆适用。当一个人开始变得柔软时，也就是一个人成熟的开始。

今日的沉潜，是为了明日的跃起

对于世间万物来说，时间是公平的，你积淀多少的能量，它就会给你多少的芬芳。

人生不是大草原，一望无际、一马平川，它更像一片丘陵，有平坦、有起伏、有高山、有平原；人生也不是一直春暖花开、芬芳四季，它还有夏的炙热、秋的收获、冬的凛冽……人生不是一成不变、一帆风顺的，它既有热烈的时候，也有沉寂的时候，这些都不是你一厢情愿所能够控制的。热烈不是生命的常态，我们大多数时候的人生是寂寞无声的，是默默无闻的。只有你耐得住寂寞无声的岁月，才能够等得到灿烂花开的未来。

勾践明白沉寂的道理，卧薪尝胆十几载，灭掉吴国，完成复国大业；

诸葛亮懂得沉寂，躬耕南阳数年，实现了济世经邦的伟大抱负；韩信忍受沉寂，最终洗刷了年少时的“胯下之辱”，成为一代名将……此种例子，数不胜数。一段时间的沉寂，不是失败，不是坎坷，更不是困难，恰恰相反，它是一种历练，是一种厚积薄发的准备，是一种遵养待时的智慧。

她毕业于北京广播学院（现中国传媒大学），1999 年毕业后被分配到上海电视台新闻频道行政办公室，做一些整理、装订人事档案的工作。这和她“拿起话筒、一展才华”的想法大相径庭。自此，每天早八晚五，她就和剪刀、尺子、修正液相伴，检查员工档案，修改错误、疏漏之处。上班时的她礼貌勤劳，下班时的她却是愁容满面。

几个月过去了，领导似乎忘记了她的存在，单调枯燥的生活总也走不到尽头。同期毕业的同学都已经有了自己专责的栏目，而自己作为传媒高校的毕业生，却始终做着和专业没有半点关系的工作。渐渐地，她的生活开始有些失控，仅存的一点耐心也被日渐焦躁的情绪一点点吞噬，她几乎看不到未来。

她给母亲打了电话，诉说了自己的委屈和辞职的打算。母亲听后，很耐心地开导她，年轻人刚进入社会时一定要经得起冷淡和沉寂，有追求是好事，但是也要等机遇。或许领导正以这种方式考验你，看你是不是一个眼高手低的孩子，看你愿不愿意用全部的心血处理小事，能不能把小事做好。然后再对你的未来做出相应的安排。只有保持住初心，才有可能成功啊。

母亲的一番话让她幡然醒悟。她开始调整心态，不再艳羡其他同学的成功，而是一心一意地做好手边的工作。手头工作做好了，就跑去观看前辈的现场，学习经验，日子过得充实而又快乐。再后来，电视台要举办一场华人新秀歌手大赛，并决定起用新主持人。有人便给导演提议：行政部有个小姑娘很不错，工作认真，待人有礼，整日乐呵呵的，很有灵气。就这样，她开始从幕后走向台前，开始有了自己的专责节目。后来，她相继主持了《上海早晨》《第一时间》，而今她是中国中央电视台《新闻联播》的主持人，成为最年轻的“国脸”之一。她就是欧阳夏丹。

每个人都喜欢轰轰烈烈、体体面面的生活和工作，没人喜欢沉寂和冷淡，这是人的通性，无关职业和专业。但又有一个很令人遗憾的真相，人生不如意之事十之八九，要想一辈子都风风光光、轰轰烈烈，似乎并不可能，这也是生命的通性。每条生命必将会承受沉寂，也必将会迎来风光。不管沉寂多久、风光何时，这也都是实实在在存在的东西，这是事物发展的通性。在这种通性之下，我们能做的就是沉下心来工作，不被外界繁华所扰，由此才能够让生活一直走在正轨上，而不是生命一直被失控左右。

坐得住“冷板凳”，守得住初衷，耐得住寂寞，受得住冷清，就能够赢得到成功。

不要去想着改变世界，先要学着做好自己

做好自己，是对别人最大的仁慈。

李开复曾被美国《时代周刊》评选为“影响世界百大人物”之一，领奖回来没几个月，他便病倒了。整日在治疗间、病床上，心情一日不如一日。这个时候，他不是那个能够“呼风唤雨”的大腕，只是一个随时都有可能在呼吸之间失去一切的病人。

他的心情糟糕透了。在他看来，自己是天之骄子，是能够改变世界的人，应该得到老天的特别眷顾才对，不应该是这种情况。朋友见他很痛苦，便带他去拜见星云大师，打算在佛光山小住几日。

这天早饭后，星云大师问：“你的人生目标是什么？”

李开复毫不犹豫地说：“影响力，改变世界。”这个信念像长在他身上的肿瘤，顽强且又固执，他从未怀疑过这个信念的正确性。星云大师沉默一会儿，说：“你的这个想法很危险。”“为什么？”“每一个人都是非常渺小的，这世间多一个你，少一个你，世界都不会有所增减。而你却想要改变世界，这是很狂妄的想法。如果一个人整日惦念着扩大自己的影响力，和追名逐利并没有什么不同。人生本就难得，不要一心想着改变世界，做好自己就已经很不容易了。”

大师顿了顿，接着说道：“倘若一个人一心想要除恶，那就代表着他看到的都是恶。一个人如若一心想要行善，而不是用善来博得功名，

这才是让社会产生正面效能的方法啊。当然，世间善恶共存，我们要珍惜周围的一切，正因为有了邪恶，才会彰显光芒；正因为有了自私的狭隘，才让我们看到了慷慨的伟大。对于世界来说，有益的不是除恶，而是行善。不是打击负能量，而是要宣扬正能量。”

听了大师的话，李开复有些震惊。这么多年来，他一直告诉自己，只有扩大了影响力，才能够伸张正义，才能够做一些有意义的事情，最后使得身心失了控，把他逼到了生命的最底层。而今，他已然明白，最好的进步是让自己每一天都有所进步，不必想着去改变别人，只要做好自己就足够了。要知道，世间之人如若都心存此念，世界就会变得更加美好。

生命是一个很深奥的过程，很多的价值和意义都出现在不太引人注意的细微之处，还没有学会做好自己，我们却去追求所谓高质量的“价值”和“意义”，去计算做一件事情的成本，行善事的“意义”，而忽略了最细微也最重要的东西。比如一篇温暖的文章，一句真诚的话语，一个鼓励的眼神，一个诚挚的拥抱，对于那些真正需要的人来说就是最有价值和意义的东西，又何必去追求所谓的“世界大影响力”呢。

“不想当元帅的士兵不是好士兵”，有人将“志存高远”奉为准则，将“改变世界”当作人生目标。而这些，是否真的就是我们人生最好的定位呢。俄国哲学家别林斯基有句话说得很好：做不了元帅，就拿枪，拿不了枪就拿铁镐。我们生活的社会犹如一台很大的机器，发动机是零件，马达是零件，螺丝钉也是不可或缺的零件。只要做好自己应该做的事情，就能够实现自己的价值，并非要一心做元帅、改变世界而已。

人的价值是由自己决定的，当你没有改变世界的能力时，就不要急着去实现这一目标。你应该静下心来做好自己，衡量和发挥自己的能量和特长，做自己应该做的事，成为应该成为的人。

捻人间最明媚的一抹朝阳，开一朵感恩之花馥郁芬芳

想要维持快乐，就要学会感恩，学会把脸朝向有光的那一方。

席慕蓉说："人是要过很多年才知道感恩的，才知道万物包括投眼而来的翠色，附耳而至的清风，无一不是豪华的天宠。才知道生命中的每一刹时间都是向永恒借来的片羽，才相信胸襟中的每一缕柔情都是无限天机所流泻的微光。我们被搅在那光芒里，昏昏然地飘在奇异的梦境中。"感恩是一种成熟的处世哲学，是人生的大智慧。感恩，就是不斤斤计较，不一味地索取而不懂得回报。学会感恩，感谢自己已有的东西，感谢赐予你生命的父母，感恩帮助你的别人，感恩丰富多彩的自然。只有学会感恩，你才能够积极面对生活，才能够掌控自己的人生。

2016 年 5 月，对于北京东城区公安分区天坛公园派出所的民警侯祥炜来说，是非常难忘的一天。他见到了 22 年前救助的一个小女孩——菲菲。

22 年前，侯祥炜接到了一名中学生的报警电话，称在天坛公园南门附近的一棵大槐树下发现了一名哭泣的女婴。女婴穿着花色的棉衣，刚会走路的样子，右手缠着厚厚的白布，打开一看是比较严重的烧伤。侯祥炜把女婴抱回了派出所，三天后，因未找到女婴的亲生父母，只好将她送到了福利院。福利院为她取名曹昊菲，小名菲菲。

菲菲 7 岁半时被一对美国夫妇领养，并前往美国生活，学习成绩在美国学校名列前茅，这也是养父母最为骄傲的事情。特殊的经历让年幼的菲菲懂得了感恩。15 岁那年，她第一次回到中国后，之后的每一个暑假她都会前往儿童福利院做志愿者，她感谢那些帮助过年幼的她的志愿者们，所以她也以同样的方式来回报这个社会。当然，还有那个救了她一命的侯祥炜警官。

2016 年 5 月，她来到天坛公园派出所。看到侯祥炜的那一刻，这位已经 22 岁的大姑娘流下了眼泪。她向侯祥炜深深鞠了一躬，表达自己对他的感激和谢意。对于她的亲生父母，菲菲还说："我并不生他们的气，也不感到沮丧。当年他们一定是迫不得已才做出这样的决定，这对他们来说也许是最好的选择。"并且还拜托民警帮忙寻找她的亲生父母。

被亲生父母抛弃，无疑是人生最悲伤的事情，但菲菲似乎并未受其影响，不仅在美国的学习成绩前茅，而且心中始终没有忘记帮助自己的警官，没有忘记给自己温暖的福利院志愿者，没有忘记给予她生命的亲生父母。面对这些不幸，她选择以感恩相待，用一颗感恩之心对待世间万物。也正因为如此，她才没有受到幼时不好经历的影响，没有让自己生活在一个失控的心理状态中。

感恩，是治疗冷漠、自私的良药，是人们内心最真挚、纯洁的情怀。感恩，超越了生命的长度，心灵的宽度，灵魂的深度。心怀感恩，少一些怨恨，多一些理解；少一些愤怒，多一些包容；少一些敌对，多一些接纳。

捻人间最明媚的一抹朝阳，开一朵感恩之花馥郁芳香。

你若云淡风轻，就不会雾霾连城

做人，心态应该似兰花，看透世间万事，拿得起也放得下；性情应该似蜡梅，不惧冰雪严寒，伴着霜雪依然傲然盛开。

人生一世，虚空大梦，韶华白首，不过转瞬一间。人，之所以为人，并非是因为拥有呼风唤雨的手段，而是拥有看淡风云的胸怀。人之所以会累，是因为有想得而得不到的东西；人之所以会累，是因为有想丢却又无法丢弃的东西；人之所以会累，是因为得不到而又不舍得放弃；人之所以会累，是因为不喜欢而又不懂得接纳。其实，所有的累都在于两个字“放下”：你若云淡风轻，就不会雾霾连城。

兰花生于幽谷，即便孤独也不忘芬芳，不争不抢；梅花偏于一隅，虽然寂静但却流香百里，不紧不慢。做人，心态应该似兰花，看透世间万事，拿得起也放得下；性情应该似蜡梅，不惧冰雪严寒，伴着霜雪依然傲然盛开。

大学者钱钟书就是一个心态淡泊之人，一生甘于寂寞，不喜外界繁杂。

钱钟书出生于江南无锡。成名后，他谢绝全部媒体的采访，一心只攻于文学。中央电视台《东方之子》栏目曾想方设法地采访钱钟书，但都被他回绝了，最后只能很遗憾地告知全国观众：钱钟书先生坚决不接受任何采访，我们尊重他的意愿。

80年代时，美国普林斯顿大学邀请钱钟书前去讲学，待遇丰厚，一周只讲40分钟的课，共讲12次，可得16万美金，并可带夫人一起前去，钱钟书想也没想便直接拒绝了。

他的小说《围城》问世后，国内外都引起了很大的轰动，很多文学界、新闻界的大拿都想要拜见他，但他也都一一婉拒。其中有个外国友人对钱钟书很是崇拜，甚至几次打电话倾诉自己想要见他的意愿。钱钟书幽默地说："你吃了一个很不错的鸡蛋，为何一定要认识那个下蛋的母鸡呢？"最终巧妙回绝了她的请求。

云淡风轻的性格让他在盛况时没有骄傲，逆境时也没有被惊扰。

有一段特殊时期，他被安排在一位女清洁工的监督下打扫厕所，没有任何怨言和不满，而是一直乐观地生活，即便在受到他人无情的抨击时，他也没有乱了自己的步伐，依然安静恬然地生活着，似乎并没有受到不良氛围的影响。

对于为他举办的活动，他说："不必花些不明不白的钱，找些不三不四的人，说些不痛不痒的话。"

对于作品，他说：“听其自然最好，经吹嘘后成为重要了，必然庸俗化。”

这就是钱钟书，一个只活在“书屋”，不理“世俗”的伟大学者。他不慕名利，不惧困境，只随心生活。所以，那些惹人的外物对他必定造不成什么影响，毕竟世间还没有一种力量，能够撼动一个人坚定的内心。

人，只是地球上的一个匆匆过客，和浩瀚的时间长河相比，世间的恩恩怨怨、是是非非、功名利禄皆都是转眼一瞬，不必与其过于纠缠。平淡也好，风云也罢，只要心怀一颗宁静之心，宠辱不惊，看淡一切，就不会被外物所影响，能够品尝到生活馈赠给人类最真挚的快乐和收获。

在诱惑丛生的世界中保持自我，在纷扰嘈杂的世间沉静心灵。人生之精彩，不在于世界有多开阔，而在于你的心有多开朗；不在于世界有多美好，而在于你的心有多善良。“宠辱不惊看庭前花开花落，去留无意望窗外云卷云舒”，不管你的身躯多么庞大，也只需要一颗拳头大小的心灵，脂肪过多会让它受到压迫，财富过多会让它深受拖累，追逐过多会加重它的负担。人生苦短，云淡风轻才能够得到真正的快乐，才能够扫除路上的阴霾。

测试 你有焦虑心理吗？

根据自身情况，选出合适答案，依据计分标准得出最后结果。

1. 你会害怕比较空旷的街道。

A. 是　　　　　　　　　　B. 否

2. 你害怕单独出门。

A. 是　　　　　　　　　　B. 否

3. 你害怕乘坐公共汽车或者是地铁。

A. 是　　　　　　　　　　B. 否

4. 因为内心的恐惧，你会避开某种东西、场合或者是活动。

A. 是　　　　　　　　　　B. 否

5. 在公众场所中，你会因为人多而不自在。

A. 是　　　　　　　　　　B. 否

6. 一个人独处时经常会想一些乱七八糟的东西，心里会有些发毛。

A. 是　　　　　　　　　　B. 否

7. 有时会担心在公众场合晕倒。

A. 是　　　　　　　　　　B. 否

8. 和新朋友谈话时，你会感到不安。

A. 是　　　　　　　　　　B. 否

9. 和人谈话时，担心别人会发现你的缺点。

A. 是　　　　　　　　　　B. 否

10. 不敢去很高的地方，也害怕从高处往下看。

A. 是　　　　　　　　　　B. 否

11. 害怕老鼠、蛇、蜘蛛等，还有一些昆虫等。

A. 是　　　　　　　　B. 否

12. 你经常做噩梦。

A. 是　　　　　　　　B. 否

13. 别人在议论你的时候，你会感觉不安。

A. 是　　　　　　　　B. 否

14. 晚上，你害怕一个人在屋里睡觉。

A. 是　　　　　　　　B. 否

15. 坐车过桥或者是过隧道的时候，你会很紧张。

A. 是　　　　　　　　B. 否

16. 你喜欢整夜开着灯睡觉。

A. 是　　　　　　　　B. 否

17. 对于黑暗，你很恐惧。

A. 是　　　　　　　　B. 否

18. 你经常感觉有人在背后跟着你。

A. 是　　　　　　　　B. 否

19. 你担心自己在别人眼里的形象是滑稽、可笑的。

A. 是　　　　　　　　B. 否

20. 有时会想自己在父母心里也不是那么重要。

A. 是　　　　　　　　B. 否

21. 你会担心自己在别人眼中是什么样子。

A. 是　　　　　　　　B. 否

计分标准：

A.1　　　　B.0

测试结果：

0 ~ 7 分：心理状况良好，大部分时候可以调节内心的焦虑，能够比较好地应对外界突发事件。

8 ~ 21 分：焦虑倾向比较严重。如果控制不当，可能会造成恶性循环，对之后的发展非常不利。

第九章 没有意志力的人生，一直都在失控

所有的胜利在坚持自己的选择面前，都显得微不足道

只要你认为是对的，就应该一直做下去。

人生最快乐的事情，莫过于坚持走自己的路，看属于自己的风景。选择自己所坚持的，再坚持自己所选择的，并相信自己所坚持的。不要在意别人的眼光，重要的是学会做你自己，去坚持自己认为对的事情，走自己认为对的道路。

坚持自己的选择，是一种成熟，是一种理智，是一种精神上的享受。坚持自己的选择，让美丽的心灵得以绽放；坚持自己的选择，以一种自信的姿态迎接每天的朝阳。千百人有千百张嘴，有千百种意见，如果一味听取别人的建议，会很容易让你的人生处于失控的状态，容易在人生之路上摇摆不定，不知所以然。所以，与其听信他人，不如坚持自己。

一百多年前，荷兰鹿特丹市的一个热衷于艺术收藏的富裕家庭中出生了一个小男孩，取名为汉尼马。汉尼马的父亲是个艺术品收藏爱好者，并将其看作自己一生最中意的事情。可惜造化弄人，在一次古董收购时，汉尼马的父亲看走了眼，用全部的家当换回了一个高仿赝品。父亲生命中剩下的时光便一直生活在人们的嘲笑和讥讽中。父亲临终前叮嘱汉尼马："好的藏品一般都在民间，收藏的时候不光要看价钱。希望你能继续走我未完成的路，能够洗刷我的耻辱。"

后来，汉尼马喜欢上了画家梵·高的作品，并有一个愿望：即便穷尽一生，也要收藏一幅梵·高的真迹。当然，有了他父亲的前车之鉴，汉尼马的这一决定遭到了周围人的强烈反对。但汉尼马并没有被反对声打扰，而是坚持自己的选择，义无反顾地走下去。

他买了很多没有署名、没有鉴定书的作品，但可惜都是赝品。不过他并没有气馁，依然在别人的嘲笑声中坚持自己的路。后来，一次偶然的机会，他发现了一幅名为《布吕特芬风车磨坊》的画作，并以 6500 法郎入手。他坚称这就是梵·高的真迹，但艺术鉴赏家们都认为他是买画买疯了，竟把一幅“赝品”认成了真迹。有人甚至说：“你可真是个疯子，梵·高的画作难道只值 6500 法郎吗？”汉尼马回应：“我没有疯，你们看到的只是商品的价格，而我看到了它的艺术价值。”

可惜，直到汉尼马去世，他的选择也没有得到他人的认同。他又叮嘱自己的儿子范加尔：“我的愿望已经达成了，我要去告诉梵·高，我收藏了他的真迹。你要好好保护这幅画，终有一天，它会得到世界的认可的。”

2010 年 3 月，凡达西博物馆馆长柯宁宣布，经过上百次的鉴定，证实汉尼马收藏的这幅《布吕特芬风车磨坊》就是梵·高的真迹，是梵·高 1888 年的作品，估价为一亿美元。沉寂几十年的画作终于得以承认，迟来的认证也让范加尔得到了宽慰。

假如，汉尼马听从周围人的建议，不再从事名画收藏，或者是不再坚持认为《布吕特芬风车磨坊》这幅画是真迹，那么梵·高的这幅画是否还能问世，或者是否早就已经化为灰烬，我们就不得而知了。庆幸的是，汉尼马坚持了自己的选择，没有被他人的意见所左右，这才让我们有幸看到了梵·高的这幅佳作。

星云大师曾说，人生的高度，一半始于个人努力，一半源自众多的选择。人生的败笔，也多存在于选择当中：一是不会选择，盲目攀高，心神分离，难修正果；二是不坚持选择，心意旁顾，朝秦暮楚，难成其大；三是不断地选择，胸无大志，似萍戏水，如草随风，难得善终。

幸福之人懂得放弃，因为放弃是最毫不费力的事情；智慧之人懂得坚持，因为坚持是一条实现自我的途径。有人说，人有两次新生，第一次是被动的新生，是由父母塑造你的形象，第二次则是主动的新生，是由你自己塑造自己。第二次的新生就在于你每一次的选择，你每一次的选择，成就了今天的自己。记住，你现在以及未来的每一秒钟都是在为曾经的选择埋单。

落入低谷不要紧，庆幸的是我们还知道站起来

女排现任教练郎平说："女排精神不是赢得冠军，而是有时候知道不会赢，也竭尽全力；是你一路虽走得摇摇晃晃，但站起来抖抖身上的尘土，依旧态度坚定。"

什么是女排精神？就是即便身处绝境，也不放弃生的希望；即便面对强大的对手，也不会心生畏惧；即便濒临失败，也不放弃顽强的抵抗；即便已经失败，也不放弃下次再战的决心；即便摔得遍体鳞伤，也不忘重新站起来的顽强意志。

要说2016年最激动人心的大事，中国女排绝对称得上是其中的头条。提起女排精神，估计很多人都不陌生。20世纪80年代改革开放初期，中国女排经历了卧薪尝胆的艰苦奋斗时期，一度成为世界范围内战无不胜的神话，“顽强拼搏、勇攀高峰”的女排精神激励、鼓舞了一代人。令人遗憾的是，五连冠之后，中国女排却难以再续往日的辉煌，几起几落，摇摇晃晃，“女排精神”似乎也被时代洪流淹没。很多人开始怀疑女排的未来，担忧女排的辉煌是否会如昙花一现，再也无法重现；也有人开始忧虑，落入低谷的女排是否还有毅力重新站起，重新称霸世界排球舞台。

不过，2016年8月21日，在万里之外的里约赛场上，中国女排凭借着超强的意志力和过硬的技术手段，以3∶1的成绩战胜塞尔维亚女排，获得里约奥运会女排冠军，重回世界女排的巅峰，给了百姓们一个很好的回应和交代。一时间，举国欢呼，热泪盈眶。

起初，中国女排小组赛的成绩并不好，以小组第四名的成绩勉强出线。那个时候，基本上没有人看好这支球队，再加上中国女排在淘汰赛中遇到的第一个对手就是有着超强实力、占据天时地利的东道主巴西队。果不其然，开局便以15∶25输掉了比赛，女排队员们几乎要被压力击垮了，但她们依然抱着“把每一场比赛都当成最后一场比赛，把每一个球都当成最后一个球”的意念，顶住了巴西队的强势进攻，最后3∶2战胜了巴西队，挺进四强。队长惠若琪说起这场比赛时，直说：“是坚持和不放弃支撑我们到了现在。”当然，女排的胜利除了她们过硬的技术经验外，更少不了这些女排队员们坚强的意志和无畏的付出。

惠若琪是女排队长，这个在赛场上奋力厮杀、拼搏无畏的大姑娘，你或许想不到她里约奥运会开始半年前做了心脏手术，肩膀上现在还留着7枚钢钉；女排大奖赛总决赛时，二传丁霞意外受伤，她忍着身体的疼痛，依然奋力救球，为中国队锁定本局赛点；2015年世界杯比赛时，中国对战韩国。第四局时，朱婷意外受伤崴脚，但却依然“一瘸一拐”地坚持在赛场上，拿下16分的好成绩，成为女排连扳三局的最大功臣……诸如此类的例子还有很多，这几乎是每一位女排队员们的“日常”。正是她们这种“舍得一身剐，也要把强敌拉下马”的意志和气势，造就了中国女排现在的辉煌，让“女排精神”重回大众的视野，成为顽强拼搏的代名词。

“拼将十万头颅血，须把乾坤力挽回”几乎成了中国女排在此次里约奥运会上的真实写照，不管失败还是成功，她们相互搀扶、相互鼓励、相互团结、相互认可，如果没有她们的这种力量，中国女排就不可能再登上“一览众山小”的巅峰。她们用行动体现了“钢铁的意志”，用行动诠释了“女排精神”。

郎平教练说：“单靠精神是赢不了球的，还必须靠过硬的技术。”福建省体育局副局长陈忠和也说：“拿冠军是很多因素汇总的结果，不是具备某一个要素就可以的。靠精神去夺冠？不完全是这样，主要还是因为平时有扎实的训练作为基础，精神发挥力量的前提是做好每一天。没有基础，拿什么东西去拼？想拼都拼不出来！女排精神首先来自她们在训练中就有所体现的勇于拼搏、永不放弃的品质。”当然，过硬的技术是赢得比赛的基础，但是“女排精神”却能够把这种过硬的技术发挥到极致，支撑着她们从低谷再回山峰，从落寞再次赢得辉煌。

当然，“女排精神”并不是几次胜利、几次冠军就可以证明的，它并不指最后的结果，而是指顽强拼搏的过程。只有掌控住了过程，才能够得到最好的结果。但现实生活中，很多人却有些本末倒置，他们把过多的注意力放在了结果上，而忽略了过程的付出与坚持，显而易见，她们必定得不到想要的结果。

实际上，我们每一个生活在世间的人，都有低谷的时候，都有落魄的时候，不过这并不是一件很可怕的事情，只要我们不自暴自弃，不垂头丧气，只要我们抱着顽强的意志和毅力，只要我们能够在困难和挫折面前不畏惧，能够在跌倒的时候懂得重新站起，那么低谷对我们来说就不算什么。只要懂得站起，就永远跑在了摔倒前面；只要懂得坚持，就永远走在了放弃前面；只要不惧怕失败，就永远走在了成功的前面。

一切的美好，都建立在自律的基础上

自律是人们能够掌控自我生活的一种有效方式，它要依赖于强大的意志力。

哲学家柏拉图说：“自律属于一种秩序，它能够对快乐和欲望进行有效的控制。”自律，能够把人带入光明的王国；自律，能够帮助人们成就伟业。但凡和耐心、情绪相关的事情，大多都是需要自律的，没有自律就没有成效。大诗人歌德也说：“不管做什么事情，自律是非常重要的。”人们一旦失去了自律，生活就会失控，行为便会随心所欲、毫无章法，结局就会一败涂地、无法收拾。

纵观古今中外，自律的名人有很多：明代大学士徐溥储豆律己；半个三立完人曾国藩一辈子都坚持写日记；女演员孙俪十年如一日的刻苦，才有了“6 页台词一条过”的成绩……曾经看到一句话，说“你手中正在做的就是你的人生”。不管你正在做什么，你的脚下都踩着一条路，这条路是宽是窄、是长是短、是平顺还是泥泞，也都在你现在的所作所为中。

柳传志是圈里出了名的“自律达人”。就从守时一方面来说，他的表现就已经让很多人自叹不如了。据说，在20多年间的无数次大大小小的会议中，柳传志迟到的次数不超过五次。

有一次，柳传志前往中国人民大学演讲，为了不迟到，他特意提前半个小时到达，在车内等了二十多分钟。到达会场时，竟然不差分毫。

还有一次，柳传志受邀参加温州商界的一个交流会。谁知，当天晚上，温州下起了大雨，柳传志乘坐的飞机被迫降落在上海。一些工作人员便建议柳传志第二天再转机前往温州，但被他拒绝了。为了准时参加会议，他让自己的“公务车”连夜赶路，终于在第二天早上的六点多钟到达温州。这让温州商人都感动不已。

当然，诸如此类的例子还有很多。其实看看这些成功人士的经历，无不有着自律的品质。作家严歌苓每天写作六个小时，每隔一天游泳一千米，几十年如一日，从未间断过。当被别人问起“为什么可以写那么多书”时，她回答：“我之前当过兵，对自己是有纪律要求的。当你知道自律的时候，困难在你面前就不算什么了。”当然，一时的自律并没有什么了不起，但是像严歌苓、柳传志这般坚持几十年，就离不开强大的意志力了。

对于那些成功者来说，强大的意志力早就把自律融入了他们的血液和骨髓中，成为身体和灵魂的一部分。回头再看看我们自己，当别人五点多起床健身的时候，你还在睡觉；当别人吃完早餐、收拾东西准备进入工作时，你还是在睡觉；当他们吃着营养搭配均衡的午餐时，刚起床的你只能吃着昨日剩下的零食，喝着不知何时购买的饮料；当别人的下午开始时，你的一天才真正开始；当别人晚上学习时，你或许沉浸在打游戏的过程中，还沉浸在偶像剧里男女主角毫无营养的爱情故事里；午夜将近，别人在阅读中结束一天的行程，而你却还在刷着微博，看着电视，直到天色渐明，你才打着哈欠进入梦乡，然后再在午饭时惊醒……

别人可能是你身边的任何一个人，他可能是你的朋友，你的同事，你的老板，甚至是每天都要遇见的清洁工。他们的每一天都过得异常充实，你浑浑噩噩浪费的每一秒钟或许在他们那里都成了最有价值的一秒钟；当你觉得自己的人生贫乏无趣，生活无处安放时，别人早就已经带着积极的浪涛奔卷而过，带着自己的世界飞速疾驰。也正是因为他们如此的自律，才得到了你想要而又无法得到的美好。而你，也只能抱着“一天打鱼七天晒网”的态度，等待着人生最后的枯萎，理想在自律面前已经全面的崩溃。

要想避免这一点，就必须从现在开始学习自律。当然，不要期望着自律一次就能够迎来逆袭，但是可以肯定的是，当你以一种强大的意志力保持自律时，它必定会让你的坚持和努力充满意义和价值，并在某一个适当的时刻突然展现在你眼前，给你一个巨大的惊喜。这是你对人生最好的救赎和诠释。

意志力能够引导出人们内心深处的巨大能量

意志力属于我们全部的精神生活，它指引着我们进行各种各样的行动。

之于一个人而言，意志力是为人处世的一种方式，它能够指引人们的各种行为，能够引导人们的思想和精神。有了意志力，它就可以引导出人们内心深处最强大的力量；没有意志力的人生，则会犹如被情绪和情感控制的傀儡，丝毫没有了自己的主见和生活，只得任凭情绪的摆布。

罗伊斯说："意志力代表的是我们全部的精神生活，也正是这种精神生活指引着我们的各种行为举动。"一个人，一旦拥有了强大的意志力，他也就拥有了比较强大的内心力量。现实生活中，很多缺乏意志力的人，根本就不会试图尝试自己无法完成的事情，他们不会试着去抬起自己已经残疾的胳膊，也不会试着在没有任何外力辅助的情况下翱翔天空。他们不会发自内心地去做任何一件超乎能力的事情，有时并不是因为他们没能力，而是因为他们没有强大的意志力。

意志力是一种能量。莫利·摩洛克是摩尔人的领袖，在他卧病在床、病入膏肓的时候，摩尔人和葡萄牙人发生了激烈的争斗。战争进行到最激烈的时刻，摩洛克从床上一跃而起，号令自己的军队，带着他们取得了最后的胜利。战争刚一结束，这位耗尽毕生精力的领袖便撒手人寰了。这是强大意志力的体现，他内心的意志力支撑着他拖着病入膏肓的躯体，带着自己的子民赢得了战争的胜利。

当然，这样的例子数不胜数。

布隆丁是一个走钢丝的杂技演员。有一次，他和别人签下了一个合约，合约中要求他推着一辆手推车走钢丝。不巧的是，表演前的一两天，布隆丁的腰疼病发了。他急忙去看医生，并请求医生要在表演之前把病治好，不然他只能毁约，并面临着巨额赔偿。谁知，天不遂人愿，眼看着表演时间慢慢逼近，他的病情却没有一点好转。

从医生的角度来说，他是反对布隆丁去表演的，并严令他不许下床。但布隆丁却对他说：“我凭什么要听你的命令，你都没有治好我的病，我为什么还要听从你的叮嘱。”于是，他忍着腰疼来到了表演现场。随后跟来的医生继续劝阻，但他依然不听，尽管此时的他腰疼得几乎已经站不起来。

表演时，他抓着手推车的把手，小心翼翼地沿着钢丝推着车子前行。最后，这次表演和之前的表演一样顺利，甚至在表演过程中他几乎都没有感觉到腰疼。可当他表演完的那一秒钟，腰疼又剧烈地出现了。

有人对此采访他，他说：“要说是什么东西支撑着我在剧烈腰疼的情况下顺利完成了表演，我想那应该就是强大的意志力。”

显然，如若没有强大的意志力，在剧烈腰疼的前提下，布隆丁恐怕很难顺利完成走钢丝推手车的表演。意志力是一种精神力量，它能够促使你完成你想要完成的行为。一个具有强大意志力的人，他必定能够利用意志力所转化的巨大能量达到自己的目的。

意志力是人们对于目标的不懈追求，目标可以是暂时的，也可以是长远的；可以是为人处世方面的，也可以是个人发展方面的。在意志力的强大支撑下，我们想要完成的事情就能够得以成全。相反，如果一个人无法保持顽强的意志力，那么他也就不可能实现自己制定的目标，不可能走向人生的成功。

所以，要想真正掌控住自己的人生，脱离情绪和情感的摆弄，我们就需要练就强大的意志力，取得完成目标的终极力量。

测试 你的意志力如何

根据自身情况选出最符合的一项，依据计分方法得出最后结果。

1.你很喜欢体育活动，因为它能够锻炼你的体质和毅力。

A.非常符合

B.比较符合

C.不确定

D.不太符合

E.非常不符合

2.你制订的计划经常会因为主观原因而无法如期完成。

A.非常符合

B.比较符合

C.不确定

D.不太符合

E.非常不符合

3.如若没有特殊原因，你每天都能够按时起床，几乎不睡懒觉。

A.非常符合

B.比较符合

C.不确定

D.不太符合

E.非常不符合

4.你的作息时间没什么规律，会随自己的兴致而定。

A.非常符合

B.比较符合

C.不确定

D.不太符合

E.非常不符合

5.你认为做事情不干则已，做了就一定要做好，并且会身体力行。

A.非常符合

B.比较符合

C.不确定

D.不太符合

E.非常不符合

6.在你看来，有些事情不用过于认真，做不成也没什么大不了的。

A.非常符合

B.比较符合

C.不确定

D.不太符合

E.非常不符合

7.你做事情的主动性源于这件事情该不该做，而不是你想不想做。

A.非常符合

B.比较符合

C.不确定

D.不太符合

E.非常不符合

8.前一天下定决心的事情，第二天你就会反悔。

A.非常符合

B.比较符合

C.不确定

D. 不太符合

E. 非常不符合

9. 当娱乐活动和学习时间发生冲突时，不管娱乐活动多么诱人，你都会选择学习。

A. 非常符合

B. 比较符合

C. 不确定

D. 不太符合

E. 非常不符合

10. 你经常因为读一本小说或者是看一部电影而忘记了时间。

A. 非常符合

B. 比较符合

C. 不确定

D. 不太符合

E. 非常不符合

11. 只要你下定决心的事情，不管会遇到多大阻碍，都会坚定不移地办下去。

A. 非常符合

B. 比较符合

C. 不确定

D. 不太符合

E. 非常不符合

12. 当你遇到学习、生活中的困难时，首先想到的是求助于别人。

A. 非常符合

B. 比较符合

C. 不确定

D. 不太符合

E. 非常不符合

13. 即便是一件枯燥无味的事情，你也可以坚持很长时间。

A. 非常符合

B. 比较符合

C. 不确定

D. 不太符合

E. 非常不符合

14. 你的兴趣很多，做事情的时候通常不能专心。

A. 非常符合

B. 比较符合

C. 不确定

D. 不太符合

E. 非常不符合

15. 你决定要做某件事情时，通常会立刻行动，绝对不会拖延。

A. 非常符合

B. 比较符合

C. 不确定

D. 不太符合

E. 非常不符合

16. 你做事情时，通常先做容易的，再做困难的。如果困难一时攻克不下，便会敷衍了事。所以别人一般不敢把困难的事情交给你去做。

A. 非常符合

B. 比较符合

C. 不确定

D. 不太符合

E. 非常不符合

17. 不会盲从别人的意见，会有自己的见解和分析。

A. 非常符合

B. 比较符合

C. 不确定

D. 不太符合

E. 非常不符合

18. 比你有能力的人，基本上你不会怀疑他们的看法。

A. 非常符合

B. 比较符合

C. 不确定

D. 不太符合

E. 非常不符合

19. 遇到事情你喜欢自己拿主意，但也不排斥别人给你的建议。

A. 非常符合

B. 比较符合

C. 不确定

D. 不太符合

E. 非常不符合

20. 在复杂情况面前，你通常举棋不定，拿不定主意。

A. 非常符合

B. 比较符合

C. 不确定

D. 不太符合

E. 非常不符合

21. 面对你从来没有做过的事情时你也不担心，会勇敢担负起自己的责任，并将此看作是对自己的磨炼。

A. 非常符合

B. 比较符合

C. 不确定

D. 不太符合

E. 非常不符合

22. 你比较胆小，从来不做没有把握的事情。

A. 非常符合

B. 比较符合

C. 不确定

D. 不太符合

E. 非常不符合

23. 在和亲友相处过程中，你的自控能力很强，从来不会乱发脾气。

A. 非常符合

B. 比较符合

C. 不确定

D. 不太符合

E. 非常不符合

24. 和别人发生争执时，即便知道自己不对，但仍要逞强，说一些过分的话语。

A. 非常符合

B. 比较符合

C. 不确定

D. 不太符合

E. 非常不符合

25. 你希望自己是一个坚强、有毅力的人。

A. 非常符合

B. 比较符合

C. 不确定

D. 不太符合

E. 非常不符合

26. 你迷信机遇，并认为机遇的作用要远大于个人的努力。

A. 非常符合

B. 比较符合

C. 不确定

D. 不太符合

E. 非常不符合

计分方法：

单数题号：A.5 B.4 C.3 D.2 E.1

双数题号：A.1 B.2 C.3 D.4 E.5

测试结果：

111 ~ 120 分：意志力非常强。

91 ~ 110 分：意志力比较强。

71 ~ 90 分：意志力一般。

51 ~ 70 分：意志力比较薄弱。

50 分以下：意志力非常薄弱。

第十章 破译人际交往的情绪密码，暖化人际距离

不以己度人，是对别人最大的尊重

别人不知道你如何会成为今天的你，你也不知道他们如何成为今天的他们。凡事不要以己度人，是对人最大的尊重，亦是对生命最大的慈悲。

东汉时期，名医华佗曾为朝中大臣高顺治病。高顺为报答华佗的恩情，便私自向皇帝举荐他为太尉府的官员。他把这则消息告诉华佗，说："你常年在外游历，吃了不少的苦头。如今做了官，就可以好好享受一下了。这也是我曾经梦寐以求的目标呀。"华佗笑了笑说："你所求的并不是我需要的。我的特长是医术，而非周旋于官场之间。如若我做官，民间少了一位良医，官场多了一位庸才。这并不是什么好事情。"最后，华佗拒绝了高顺的好意，继续游历行医去了。

高顺把自己的想法强加到华佗的身上，而没有从华佗角度出发，思考华佗的价值观和想法，最后自讨没趣。

诚然，在这个世界上，有很多事情是属于你的，比如你的梦想、你的选择、你的喜好、你的坚持以及你所做出的每一件事情。但还有些事情是不属于你，更不需要你插手的，那就是别人的梦想、别人的选择、别人的喜好、别人的坚持以及别人所做出的每一件事情。"子非鱼，焉知鱼之乐"，同样，你不是别人，怎知别人想要的是什么呢？

只要别人做的不是恶事，行的不是恶因，就随他去吧。不以己度人，学着在别人的角度思考问题，你可以不认可，但你不可不尊重。

陈寅恪学识渊博，可惜没有文凭。梁启超将他举荐给清华大学校长曹云祥，破格录用为国学研究院的导师，二人也经常会为一些学术上的问题争论不休。梁启超曾经就“陶渊明归隐动机”写过一篇论文，陈寅恪对此有不同的看法，认为陶渊明之所以不为官，是因为“耻于事二主”，所以才不和新政权合作的。于是，便有一些捕风捉影的同事对梁启超说：“梁先生，陈寅恪的这番话别有用心啊，他在含沙射影地骂您呢。您在清朝为官，也在民国做过官。”梁启超生气地反驳说：“陈寅恪是什么人我比谁都清楚，你少挑拨离间，以后也不要以小人之心度君子之腹。”

法国作家莫洛亚曾说：“我宁愿被一个虚伪的朋友欺骗，也不愿意猜忌一个真正的朋友。”也正因为如此，当这个同事恶意揣度陈寅恪的为人时，梁启超才会如此的愤怒。

不以己度人，重要的是时刻反省自己，审视自己是否因为自私而忽略了别人的感受，是否因为大意而先入为主，是否以自我为中心去猜想、判别他人；不以己度人，就是要学会换位思考，学会站在别人的角度思考别人的言行，多一分理解，多一分欣赏，才会多一分欢愉。《易经》中有云：内心没有分别心，就是真正的苦行。“分别心”，是人际交往中的基础，只有分清别人、自我间的区别，才能够保持尊重和理解。

别人不知道你如何会成为今天的你，你也不知道他们如何成为今天的他们。凡事不要以己度人，是对人最大的尊重，亦是对生命最大的慈悲。

不斤斤计较，心宽路就宽

心灵是一座房子，容量有限，盛装的烦恼多了，快乐就会相对减少；反之亦然。

人生，道不尽的是是非非；生活，理不清的琐琐碎碎；情感，说不明的对对错错。人之一生，有让人唏嘘的空白，有繁花似锦的羡慕，亦有无法弥补的遗憾。

柳传志说：“人生在世，注定要受许多委屈。而一个人越是成功，所遭受的委屈也就越多。要使自己的生命获得极值，就不能太在乎委屈，不能让它们揪紧你的心灵。要学会一笑置之，要学会超然待之，要学会转化势能。智能懂得隐忍，原谅周围那些人，让我们在宽容中壮大。”是的，生活，总有数不尽的磕磕绊绊。唯有宽容，能够让岁月之寒变得温暖；唯有宽容，能够让孤独的守望得到圆满；唯有宽容，能够让心底的悲伤停止蔓延；唯有宽容，能够让疲乏的身心得以温暖。宽容，宽容自己，更要体谅他人。

“用心计较般般错，退步思量事事难。”意思是说，做人万不可斤斤计较，更不可退缩，不然就会万事艰难、步步出错。在这个世上，没有什么方法能够移走烦恼、搬走大山，唯一的方法就是：大山不过来，我只能过去。这是人生的大智慧，是在人生即将失控时，适时适度地抖一抖，抖掉身上的包袱和情绪，抖掉内心的不快和郁闷。

人生之所以不幸福，就是计较得太多。在人际交往中，被误解、吃亏、受委屈、被污蔑等都是无法避免的事情，在这些面前，宽容是我们最明智的选择。不斤斤计较，宽以待人，不仅显示出我们的胸襟和品质，更显示出一种做人的智慧和气度。学会宽容，就能够将别人带来的烦恼拒之门外，就能够把快乐迎进家门。

俗语说“宰相肚里能撑船”，这句话在夏原吉这里体现得淋漓尽致。夏原吉，明宣宗时期的宰相，宽厚仁德，不斤斤计较，大有君子之风。

一次，夏原吉去苏州巡视，谢绝地方官员的款待，住进旅店。厨师做菜比较咸，他只能以白饭充饥。为不让厨师受罚，他没有说出原因；巡视淮阴时，马匹趁着他休息之际逃跑，随从追了很久都没有返回，他内心有些担忧，逢过路人便问：“你看到人追马了吗？”有个路人很不耐烦地说：“什么追马追牛的？滚开，别挡路。”正好被追马回来的随从看到，随从厉声呵斥，让路人向宰相道歉。夏原吉摆摆手说：“算了，他或许赶路太辛苦，所以才口不择言的。”

又有一次，家中老仆人弄脏了皇上赐给夏原吉的金缕衣，吓得躲藏起来。得知真相后，夏原吉说：“衣服脏了，洗洗就行，不用害怕。”还有一次，家中婢女打碎了他最喜欢的砚台，恐惧不敢见人，他便派人前去安慰：“东西自有损坏的时候，我并不在意。”

正是因为夏原吉这种不斤斤计较的性子，周围人都极其尊敬、爱戴他。

在人的一生中，面对小过失和小误解，一个微笑、一句歉语就能够让紧张和不快化解于无形。即便我们不被人理解，也不可苛求别人，做到以律人之心律己，以恕己之心恕人。做一个胸襟宽广之人，不计较鸡毛蒜皮，不着眼于蝇头小利，不在不重要的事情上浪费过多的精力和时间，不为外物所扰，按照自己的节奏过生活。

计较过多，人就不会快乐。不如意是个“动词”，如若你心态好，不把它放在心上，不斤斤计较，不如意的事就会自动消失；如果你执意把它放在心上，它会像心中的一根刺，时刻折磨着我们，让我们烦恼和苦闷。计较，就是痛苦的开始，为了多与少而和人争论不止；为了名和利而和人反目成仇；为了一些无关紧要的摩擦而和人冷眼相待……如此这般除了给人痛苦、疲惫外，得不到一点快乐。

人活一场，凡事不必斤斤计较，在每一步的人生脚印中，学着欣赏美、发现美，学着欣赏别人的优点，宽容别人的缺点。不计较，心情就会好，心情好，生活质量就会高。所以，我们万不可让别人影响了自己的心情，抱着“恕己之心”和人交往，人生之路才会宽广，才会顺畅。

生活，生的是人，活的是心。不管是无意的误解，还是有意的攻击，针锋相对永远都是最愚蠢的方式，它只会让无意之人远离，让有意之人暴虐。与其如此，不如抱着一颗宽大之心，宽容无意之事，饶恕有意之人，用宽容的姿态去维护自己的尊严。最后，你会发现，在宽容面前，任何邪恶都是失败的。

用幽默控制住场上情绪，利人又利己

幽默是波涛汹涌中的救生圈。

“言语之美，穆穆皇皇”，如果说语言是广袤的星空，那么幽默就是深渊里的一条绳索。著名理论家钱仁康曾说：“幽默是一切智慧的光芒，照耀在古今哲人的灵性中间。凡有幽默的素养者，都是聪敏颖悟的。他们会用幽默手腕解决一切困难问题，而把每一种事态安排得从容不迫，恰到好处。”幽默，不是嘲笑或讥讽，也不是油腔滑调，它是一种语言的艺术，是气质的体现。

有些人认为，幽默大多出现在非正式场合，是为了炒热气氛而存在的，和严肃、情绪控制似乎并没有多大的关联。这是对幽默的曲解。幽默除了可以调节现场气氛，增长个人魅力外，有时还能够控制现场情绪，不致失控。

英法战争时，法国哲学家伏尔泰恰巧在英国旅游。当时，英国人对法国人仇恨到了极点，便不分青红皂白地抓住了他，还叫嚷着“吊死他！吊死他！”民众情绪异常激动，犹如一堆干柴，一点星火就可以燃起一片火海。伏尔泰的英国朋友纷纷赶到现场，苦口婆心地劝说民众：“他只是一个学者，并不是政治人物，也从来不参与任何政治活动。”可濒临失控状态的民众完全听不进去这些话，依然高声呐喊着：“不管他是做什么的，只要是法国人，就必须得死。”双方争辩激烈，无止无休。

就在这时，一直沉默不语的伏尔泰大声说道：“能不能给个时间，让我这个将死之人说几句话？”瞬时全场安静下来。伏尔泰对着人群深鞠躬，说道：“各位英国朋友们，因为我是法国人，所以要处罚我。以各位的才智，我生为法国人，却没有做成高贵的英国人，这难道对我的惩罚还不够吗？”话音刚落，现场民众全部都大笑起来，伏尔泰也因此获救。

试想一下，如若当时的伏尔泰沉默不语或者是疾声厉色，现场很可能会一发不可控制，他的性命必定也岌岌可危。关键时刻，他用幽默拯救了自己的生命，用幽默化解了紧绷的情绪，让自己摆脱了危险的境地。

幽默在人们生活、工作中都有着重要影响，能够和谐人际关系，拉近人与人之间的距离，更可以有效地调控现场情绪，掌控主动权。

林肯是美国第16届总统，相貌不佳，甚是自知，他从不避讳。有一次，在竞选活动中，对手道格拉斯和他辩论，责备他表里不一，是个两面派。林肯很是诚恳地回答：“道格拉斯认为我是一个两面派，大家看看，如果我真的还有另一张面孔，我会戴着这副面孔和大家见面吗？”他的话使得现场顿时热闹起来，掌声雷动，对手道格拉斯也忍俊不禁。

林肯以适当的幽默化解了对手的攻击，并加以引申，化被动为主动，突出困境，显露出非凡的智慧和气质。俄国文学家契诃夫说：“不懂得幽默的人，是没有希望的人。幽默是能量，是浪漫，它可以增加人与人之间的亲密度，能够体现一个人的品位素质，能够展现一个人的睿智聪颖。”幽默之美，犹如品一杯香茗，沉静而茶香，茶香而意蕴无穷。

“人可以无才，但不可以无趣。”做一个幽默之人，以才智做底料，赋予生命新的活力和生机；做一个幽默之人，以自控为基础，赋予驳斥优美的还击；做一个幽默之人，以主动为手段，走出被动的困境。

幽默，不只是一种调味剂，它还是一味控制剂，只要使用恰当，就能够控制场上情绪，掌控主动权。

护全别人的情绪，心有檀香香自溢

一个人成熟的标志就是，心里可以装得下别人。

《怎样让人们变成黄金》一书中写道："停下来，用数秒钟的时间比较一下，你是如何关心自己的事情和关心他人的事情的，然后你就会理解，别人也和你一样。而你一旦掌握了这个诀窍，就会像罗斯福和林肯一样，拥有了做任何事的坚实基础。换言之，和别人相处的关系怎样，完全取决于你在多大程度上替别人着想了。"

很多时候，和人交流的过程，也是情绪互换的过程。照顾到别人的情绪，也是对自己情绪的变相保护。因为你很难在一个情绪激动的人那里获得平静，也很难在一个情绪愤怒的人那里得到安宁。

塔夫脱是美国第二十七任总统。当时，有一位女士跑来找他，希望他能够把某一个职位交给她的儿子，而她的丈夫本身也是一位非常有影响力的政治人物。除了女士本人，她还发动其他的参议员说服塔夫脱，希望能够达成她的愿望。

不过，因为这个职位很特殊，塔夫脱经过几番调查、鉴定后，将职位委派给了更合适的人。这一结果惹怒了女士，她写信过来，谩骂塔夫脱是一个"忘恩负义"之人。为了塔夫脱的一个提案，她曾四处奔走，得到了各州代表的支持，如此才让塔夫脱的提案顺利通过。而现在，塔夫脱却是如此对待她。

刚开始收到这封信时，塔夫脱也是非常的生气，他认为对方完全是一个不明事理的女人。他想立刻回信反击，但他又冷静下来想想事情的来龙去脉，便放弃了这一想法。两天后，他才提笔回信，告诉这位女士他很理解她的失望和愤怒，并表示他对这一项人事命令也不能全权决定，一定要以工作需要为基础。此外，他还祝福她的儿子，能够在现有的职位上做出好的成绩。

塔夫脱在信中对女士当时的情绪表示充分的理解，也正是他的这封回信平息了女士的愤怒，甚至还专门写信过来向塔夫脱道歉。

人际交往是一件很微妙的事情，唯有顾及别人的情绪，才能够保证交流的顺利进行。《教育心理学》中有句话："每个人都渴望得到他人的关心和同情。"当别人的情绪得到理解和照顾时，他就会得到心理上的满足，这种满足完全大于物质上的慰藉。塔夫脱总统顾及了上述女士的情绪，平息了女士的愤怒，也赢得了女士的尊重。

在这个世界上，因为情绪引发冲突问题的事例数不胜数，即便是最伟大的作家恐难描绘出其中的百分之一。一旦人们忽视了别人的情绪，无法容忍和自己不同的情况出现，那么悲剧和灾难就难以避免。

有句俗语说："了解了一切事物，就能够宽恕一切事物。"同样，只有当我们了解了别人的情绪，才能够理解他的行为，才能够尊重彼此，才能够真正成熟起来，做一个成熟的人，而不是做一个任凭情绪摆布的孩子。

不可否认，当我们遇到不良情绪时，会本能地选择自我保护、以牙还牙，这会给我们一时的快感。而不是选择理解、照顾别人的情绪，不懂得退让和回避，所以才会出现如此多的矛盾和问题。

人是感情动物，自然有情绪波动的时候。或许因为一个人，或许因为一件小事，都会让我们情绪低落，难以释怀。但如果想要在这个复杂多变的社会环境中，应对不同场合的人际交往，就需要我们采用不同的应对方式，扮演不同的角色。前提就是我们要顾及别人的情绪，不可自以为是，不要和情绪对抗，只有这样才有利于我们的社交活动，有利于我们的人生发展。

用沉默应对流言，还心灵一片净地

在不需要说话的时候就不要说话，在没有经过深思熟虑时也不要轻易地说话。

不懂得在争辩中沉默的人，从来没有聪明过。沉默，是宇宙间最强大的力量，“于无声处听惊雷”“大辩若讷”“暴风雨前的宁静”等，都是沉默的力量。人们对于“宁静”的恐惧远甚于“暴风雨”。当然，沉默也并非是无条件的沉默，也不是刻意放弃说话、辩解的机会，真正的沉默是在不需要说话的时候就不要说话，在没有经过深思熟虑时也不要轻易地说话。

古埃及著名思想家普塔荷太普在《普塔荷太普说教文》中曾教导儿子，要在三种情况下保持沉默。

第一种：当面对一个地位比自己高并且喜欢争论的人时，你应该双手交叉胸前，腰背稍微弯曲；如果直接向他迎战，最后的结果必定是你自取其辱。所以，在他出言不逊的时候，你应该保持沉默。

第二种：当面对和自己身份地位相当但也喜欢争辩的人时，你在他出言不逊时的沉默，恰好突出了你良好的涵养。除了他以外，旁观者会对你拍手称好、赞不绝口。

第三种：当面对一个身份比自己低又喜欢争辩的人时，更不可因为他自身的卑微而和对方争吵，更不可想要从击败他的过程中得到自尊上的满足，毕竟伤害到一个可怜的人也会让你变得更加可怜。此时，尽管让他讲，你尽可不动声色地盯着他。因为旁观者的谴责已经足以胜过你主动的反击。

除了用沉默应对争辩外，用沉默应对流言也是智者所为。有人的地方就有是非，有流言。流言一直存在，古有孔子因流言被困于陈、蔡，今有杨幂不时“被离婚”，流言从未消逝，它一直存在于我们的生活中。用沉默应对流言，对于强者来说是一种风度，对于弱者来说是一种智慧。

“9·11”事件发生的第5天，在全美国还处于一片悲戚之情中时，纽约市市长参加了一位百姓的婚礼，他这一看似“违背人之常情”的做法立刻遭到了很多人的攻击，各种流言蜚语也喷涌而来，让他陷入了被弹劾的境地。面对这些，他没辩驳也没澄清，而是选择了沉默。直到当事家庭出来回应：这本是一个和睦之家，有父亲、母亲、儿子，还有一个婚期已定的女儿，令人遗憾的是，在女儿婚期即将到来之际，也就是“9·11”事件发生的半个月前，作为消防员的父亲和儿子在一次救援行动中双双殉职。父亲临终前，一直放心不下女儿的婚礼，纽约市长当场答应代替这位父亲做他女儿的主婚人，亲手将他的女儿交到新郎的手中。

不料，紧接着又发生了“9·11”事件，这家人曾小心征询过市长意见，为了践行自己的承诺，市长如期参加婚礼，不想让逝去的英雄寒心。真相大白后，民众抛却了谩骂和非议，抛来了赞美和钦佩。你看，市长还是那个市长，民众却不是那群民众了。

“舌根底下压死人”，流言不等于误解，误解需要解释，解释流言反而落下了“此地无银三百两”的怀疑，沉默反倒成了最好的回答。

沉默，并不是让你受到屈辱时默不吭声，不是让你受到恐惧时万籁俱寂，更不是让你受到不公时心灰意懒。恰恰相反，沉默是一种无声的力量。有位智者曾言“是非天下有，不听自然无”，如果你能够明白别人的流言是多么的随意，那么你也就不会对它过于在意。

所以，当面对流言或者是反击时，与其力争，不如沉默，不如一笑而过。

测试 你是社交高手吗？

交际能力对于一个人来说至关重要，交际能力比较高的人，能够在职场、生活中游刃有余。现在，根据自身情况选出符合答案，依据计分方法得出最后结果。

1. 你和朋友之间的交往时间大约多久？

A. 天长地久

B. 长时间、短时间的都有，志趣相符的会比较长久

C. 放弃旧朋友结交新朋友是常有的事情

2. 你在和人交往中会有怎样的表现？

A. 能启迪别人的智慧

B. 有你在的场合，人们会感到很舒服

C. 有你在的地方，总会笑声不断

3. 和朋友相处，你都会有什么样的原则？

A. 经常赞美他们的优点

B. 不会刻意奉承，也不会苛刻指责

C. 以诚为本，有错误会指出来

4. 你与人结交的目的通常是什么？

A. 希望可以帮你解决问题

B. 希望被人喜欢

C. 希望自己的生活由此而丰富快乐

5. 遭到朋友或者是同事批评时，你的表现是什么？

A. 很愉快地接受

B. 勉强接受

C.直接否决

6.出门旅行时，你会有怎样的表现？

A.喜欢一个人打发时间

B.希望结交新朋友，但都不是很顺利

C.能够很容易结交新朋友

7.你通常通过怎样的方式认识新朋友？

A.通过某个特定场合接触后结交

B.仔细考虑之后再结交

C.经过朋友介绍结交

8.有人对你非常依赖，你会有怎样的感觉？

A.赶紧回避

B.不是很在意，但还是希望彼此有一定的生活空间和独立性

C.我喜欢被人依赖

9.你会怎样对待帮助过你的人？

A.铭记于心，永生难忘

B.认为朋友间应该互相帮助，不会过于放在心上

C.慢慢会遗忘

10.你如何对待身边的异性？

A.互不来往

B.在必要的前提下，会和他们交往

C.很喜欢和他们交往，相处愉快

11.和朋友约好了去逛街，但工作一天的你异常疲惫，你会怎么做？

A.依然前去赴约，并表现出非常高兴的样子

B.前去赴约，但会早点回家，并征询朋友的看法

C.不去赴约，希望朋友可以理解

12. 别人邀请你参加一个聚会，你会怎么做？

A. 直接拒绝

B. 借故推脱

C. 欣然答应

13. 你认为，朋友最应该具备的品质是什么？

A. 诚实可靠

B. 和他相处，可以让人感到心情愉悦

C. 懂得欣赏，对人关心

14. 你会首先考虑结交哪种朋友？

A. 有权有势的

B. 社会地位和自己差不多的

C. 诚实可靠，心地善良的

15. 对于刚见面的陌生人，你会有怎样的反应？

A. 能够迅速记住他们的名字和特点

B. 很想记住他们的名字和特点，但通常不会成功

C. 不太在意这些东西

计分方法：

1.A.1	B.3	C.5
2.A.5	B.3	C.1
3.A.1	B.3	C.5
4.A.5	B.3	C.1
5.A.1	B.3	C.5
6.A.5	B.3	C.1
7.A.1	B.3	C.5

8.A.5	B.3	C.1
9.A.1	B.3	C.5
10.A.5	B.3	C.1
11.A.1	B.3	C.5
12.A.5	B.3	C.1
13.A.1	B.3	C.5
14.A.5	B.3	C.1
15.A.1	B.3	C.5

测试结果：

15～29分：非常善于交际，人际交往经验丰富，能够比较合理地处置事情。不管你走到哪里，都会受到别人的欢迎。

30～57分：会有很多朋友，但真正能够和你推心置腹的朋友并不多，你和朋友之间似乎总有隔阂。

58～75分：交际能力非常差，社交经验不足，喜欢独来独往，一副拒人于千里之外的模样。这样的你很难获得成功，希望能够改正自己的社交态度，多发现他人的优点，努力融入群体生活中。

第十一章 HoLd不住职场，谁也给不了你想要的生活

不要看远方模糊的东西，要做手边具体的事情

仔细瞧瞧那些成功者的经验，他们没有一个是好高骛远的，他们虽然都有着远大的目标，但却喜欢脚踏实地、一步一步地朝着自己的目标前行。在他们的字典里，没有彷徨，没有犹豫，更没有空想。

很多职场中人都如此抱怨道："我想要做大事，但老板只给我一个平凡的舞台。""老板根本看不到我的价值，只给我安排一些无足轻重的工作"……诸如此类的，数不胜数。事实上，每个人对自己的未来都抱有很大的期许，并认为自己应该能够得到重用，应该能够得到不菲的薪酬。其实，这本是无可厚非的事情，只要你能够给管理者一个充分的理由，这些你都能得到，问题是理由呢?

杰克·韦尔奇曾经说："员工都希望得到高薪，得到高职位，这种心理很正常的，但是你必须给我一个合理的理由，让我说服自己给你高薪。"意思是说，高薪可以，但你拥有获得高薪的能力吗？很多人都没有。当然，有远大理想是一件很好的事情，但如若忽略了手边的小事，这个远大理想也是无法实现的。

1871 年，威廉斯勒还是英国蒙特瑞综合医科学校的学生。有一段时间，他也陷入了人生的迷茫之中，他不懂得处理小事和远大理想的关系，不懂得应该以什么样的方式去获得成功。他很希望成功，但却对身边的

事情提不起一点激情，他不知道这些小事有什么意义，甚至不明白学校安排那么多枯燥课程的目的。在他的这种态度下，成绩自然也是飞速下滑。

有一次，他阅读了哲学家卡莱里写的一本著作，上面有一句话写着："不要去看远方模糊不清的东西，要懂得做好手边具体的事情。"这句话让他醍醐灌顶：是的，不管多远大的理想，如果做不好手边的事情，也是很难实现的。即便是万丈高楼，也是一砖一瓦累积起来的。

自此，他开始埋头读书，因为这是他目前最为重要的事情。他应该先把自己的成绩提上去，再去想其他的事情。半年之后，他成了学校最优秀的学生代表。毕业之后，他在一家医院做医生。

他认真对待每一位前来问诊的患者，对每一次诊断都谨慎小心。因为他兢兢业业的态度，让他成为当地的名医。几年之后，他创办了约翰·霍普斯金学院，他将"做好身边每一件小事"始终贯彻到自己的工作中。很快，他的学院成了全世界最知名的医学院之一。

实际上，仔细瞧瞧那些成功者的经验，他们没有一个是好高骛远的，他们都有着远大的目标，都能脚踏实地、一步一步地朝着自己的目标前行。在他们的字典里，没有彷徨，没有犹豫，更没有空想。

这对于我们的工作也是一样。作为员工，有远大的理想是一件很好的事情，因为没有理想人生就没有方向。但，如果只顾着幻想远方的理想，而忽略了手边的事实，那么理想就会变成幻想，最终将无法实现。

要想建好心中的理想大厦，就必须铺好手边的一砖一瓦，否则理想犹如空中楼阁，永远不可能在现实中出现。

工作可以枯燥，但你不可以浮躁

认真面对眼前将要到来的工作，这就像谈恋爱，你必须认真。这可能是个苦恋，但你依然要认真面对它。

浮躁像个幽灵一般，时常徘徊于我们的头上，叨扰着一颗颗原本安静的心，让一个个纯洁的灵魂失去了耐性和理智，一次次走向失控的边缘：人们不再喜欢默默无闻、脚踏实地地做事情，每日期望着天上掉馅饼；该学习的年纪偏偏跑去选美，期望着一夜成名；扩充知识、见闻的网络成了“一夜爆红”的工具；“真情至上”已经成为过去，“有钱”成了爱情的真理……浮躁的你，浮躁的我，浮躁的她，在这个浮躁的社会里，干着不一样的浮躁的事。

浮躁是种传染病，一旦你被感染，你就很难再恢复到原本的状态；如果你不懂得遏制，浮躁就会呈几何级数增加，直到你被完全的控制，人生悲剧就此开始：工作中你将一事无成，将不会受到领导的器重；生活中你将得不到肯定，没有了前进的动力，毁掉了本来很美好的人生。所以，要想得到实实在在的收获，脚踏实地、默默工作才是唯一的正途。

白岩松是著名主持人，20 多岁时被分配到中央人民广播电台工作。他期望的岗位是《新闻与报纸摘要》，是当时中央人民广播电台的第一品牌。他兴高采烈地去人事部报告，得到了一个意料之外的职位——去老年人众多、比较边缘化的《中国广播报》排节目表。作为一个新闻专业的高才生，得到了一个他猜了十多个职位都没有猜到的差事。

他很是沮丧，原本以为自己和梦想只有一小步的距离，没想到落得比梦境还难以实现的境地。这不是他想要的工作，他想要离开。值得庆幸的是，他并没有立刻行动。报到的第一天上午，他一直处于痛苦和绝望之中。经过一个上午的挣扎，他似乎接受了自己的命运。在他看来：再不喜欢它，也要认真面对眼前将要到来的工作，这就像谈恋爱，你必须认真。这可能是个“苦恋”，但依然要认真面对它。于是，他买来一本与工作有关的书，认真阅读、学习。

报社大多都是中老年编辑，好不容易来了一个小伙子，领导自然高兴。没多久，他就成了最主要版面的编辑。他开始抱着“既来之则安之”的态度工作，认真撰写领导交代的每一篇文章，每一篇稿件。虽然没有稿费，但他却获得了极大的成就感。渐渐地，他的文采逐渐被越来越多的人知道，开始有了一点小小的人气。三年后，他开始为中央人民广播电台春节晚会撰稿。

再后来，他被崔永元相中，成为《东方时空》的策划。他依然抱着最初“心无杂念”的想法，发自内心地去工作。紧接着，他成了《东方时空》的主持人，成了中国最著名的主持人之一……

试想一下，如若白岩松得知任职消息后，直接拒绝，或者是在岗位上浑浑噩噩地过日子，他还会有现在的成就吗？保守一点说，很难。可现在多数的年轻人却很难看到这一点，他们以“英雄要有用武之地”为原则，对自己抱有很大的期望，最好一出校门就能够得到大公司的邀约。在他们心里，高薪、高职位才是择业的第一要素。然而，世间之事很难顺风顺水，大公司进不去、小公司不愿进的态度，让我们在求职过程中不知碰了多少次壁。这些年轻人都有一个共同的特点：看上去似乎什么都懂一点，但又总说不出一个所以然；看上去似乎都在认真、努力地工作，但却又很难等到丰收的喜悦。

他们的心一直处于喧闹的状态，他们不满于现状，总认为目前还不足够，所以都在贸然地争先恐后……却是忽略了手中最扎实的东西，那就是脚下的路。

不积跬步无以至千里，不积小流无以成江海。只有认认真真地做好手中的每一份工作，你才能够迎来想要的未来。

记住，只要把脚下的路踩踏实了，你的人生才会踏实。

没有怀才不遇，只是你还不够努力

那些自认为怀才不遇的人是最痛苦的，因为他们想要的远远要超过他们能够做到的。

“怀才不遇”是所有时代、所有人的通病。不可否认，确实有真正“怀才不遇”之人，古时柳宗元政事不顺，惨遭贬谪，过上了“孤舟蓑笠翁，独钓寒江雪”的孤寂生活；著名诗人李贺因避讳父亲的名讳而终生不得举，抑郁寡欢的他写下了“夜来霜压枝，骏骨折西风”的凄苦诗句；李商隐自认自己是蓝田美玉，最终却因牛李党争遗憾终生；杜甫豪情满怀，奈何生逢乱世，只得在潦倒流离中思索前行……

这确实是真正怀才不遇之人，因为客观环境的存在不得已而为之。反观现在，职场很多碌碌无为之人都喜欢给自己戴一顶“怀才不遇”的高帽子：老板没有眼光，受不到赏识；千里马没有遇上伯乐等。更有甚者，有一项调查显示，41% 的人认为自己怀才不遇，34% 的人偶尔会认为自己怀才不遇，而只有 25% 的人没有这样的想法。可事实真的如此吗？“怀才不遇”之外，还有一句俗语“是金子就总会发光的”，如果你真是一匹千里马，那么早晚都会遇到你的伯乐。如果你现在还未遇到，要么是时机不到，要么你有“不遇”的理由。我们来看看下面这个故事。

晚唐诗人罗隐心怀大才，性情狂傲。他参加过十几次科举，但都名落孙山。当然，并不是因为他文章写得不好，而是因为他桀骜不驯的性格。当时，唐朝科举卷面是公开的，而且需经由名士的推荐，主考官的赏识才可。因罗隐的性子，很少人愿意录用他，最后反倒得了一个“十上不第”的称号。胸怀高才，却十多次不中，也称得上是“怀才不遇”了。

罗隐本名叫罗横，后因屡次科举不中，才改名为罗隐。实际上，罗隐的处境和他自身也不无关系。据说，罗隐因多次科举不中而满腹牢骚，认为是贵族子弟阻碍了自己的进阶之路。朝廷平定黄巢起义后，有意招用罗隐出仕。要臣韦贻范便说了一段往事：有一次，韦贻范和罗隐同乘一条船，二人彼此并不认识。船家为了小心起见，便告诉客人，船上有一位官员。罗隐听后却很不以为意，直接说道：“什么朝中官员？即便我用脚写字，也比他们几辈强。”在韦贻范看来，任用如此狂妄之人，对别人来说是一件坏事。也正因为此，罗隐的仕途之路便泡汤了。

罗隐的“怀才不遇”，可谓是两种原因造成的：第一，朝中对他有偏见的大臣刻意压制；第二，他狂妄自大的性格给他带来了阻碍，因为不尊重别人，所以才惨遭抵制。“用脚写字也抵得过别人数辈”的话，即便小吏听了也会蹙眉不悦吧。

所以，真正怀才不遇的人是极少的，你处于现在的位置就一定有必要的原因。我们要做的就是抱持善意，不要怨天尤人，要学会坚持和等待，用最完美的状态去迎接自己的伯乐。否则，即便伯乐出现了，你也不是他想要的千里马。

有一个自认很有才华的年轻人，因屡屡得不到重视而抱怨不已。他质问上帝：命运为何对我如此残酷？上帝顺手捡起一颗石子，扔到了一大片石堆上，然后对他说：“你能够把刚才的石子找出来吗？”年轻人摇摇头，说："那么多的石头，我很难找到。"

上帝又取出一块金子扔在石堆上，对年轻人说："你能把我刚才扔的金子找到吗？"年轻人毫不犹豫地说："能。"很多人都在抱怨自己的怀才不遇，其实大部分情况下他只不过是一颗石子，而不是远处的一块金子。是金子总会发光的，它的光芒必定会被人发现。当你还是一枚石子的时候，就不要强求别人从石子堆里把你找出来。要想别人承认你，你需要先想办法把自己变成一块金子才行。

孔子曰："不患无位，患所以立。"不要担心世界上没有我们的位置，而是要担忧自己能否胜任这个位置。那些天天等待伯乐的石头非常多，专心打磨自己、让自己变成金子的石子却非常少。怀才不遇，并非不遇，而是你怀才不够，却又想要得太多。

不要太着急，做好眼下的事，时间会给你最好的答案。

如要成为大树，就不要和草相争

如果你想要成为一棵大树，就千万不要和小草相争。

"职场就是一个大江湖，恩怨情仇应有尽有"，这句话一点儿也不夸张。身在职场中，同事之间有同事的情谊，自然也难免会出现一些小的摩擦和冲突，如若控制不好，将会影响我们的工作状态，甚至是直接影响我们的工作。如果你真的想在职场上一展宏图，就必须学着控制自己的情绪，别为了一时的摩擦毁掉了自己的前途。努力让自己成为职场中的常青树，当你成为一棵树时，哪还用得着和草相争呢？

艾琳是一个性格内向的女孩子，工作半年了都还没有和周围的同事熟悉。平日里，她除了在公司工作，就是在家里看书。她不喜欢和过多的人打交道，也不喜欢参与过多的公司里的是非，只一心想着把自己的工作做好。

谁知，她不去招惹人，人却来招惹她。因为年终奖的事情，她受到了同部门的排挤，甚至有人说她和公司某管理层有关系，更有人造谣她成了破坏别人家庭的女人。面对突如其来的污水，艾琳有些不知所措。她求助于大学好友莉娜。

莉娜性情开朗，交友众多，相较于艾琳来说，她对人际关系的掌握和管理要好一些。听了艾琳的话，莉娜很爽快地回应："理她们干吗？做好你自己不就好了。"艾琳有些苦恼："可是毕竟我是办公室的一员，每天在那样的环境中工作，我都快要工作不下去了。"

"有什么工作不下去的？应对这种污水的最佳办法，就是把自己变得更好。越是有人污蔑你，你就越应该好好工作。等你的成绩远远超过他们的时候，他们也就没那么多时间去东说西说了。如果你的目标是得到更高的职称，提升自身的能力，那外界的这些事情和你又有什么关系呢？"

艾琳听后，深感认同，便根据莉娜的说法，不再理会那些不实的言论，而是将全部的精力都放在工作上，业绩开始有了更大幅度的提高。后来，因为艾琳成绩优秀，第二年便被提拔为公司的经理，而那些污蔑她的人，却还在底层的岗位上工作着。

职场中，像艾琳这种情况并不在少数。一个人在职场中，我们面对的不仅仅有领导，更多的还有一大帮的同事。同事是你的同盟，也是你的竞争对手。在此种关系的笼罩下，和同事有摩擦、矛盾是一件很正常的事情，只是我们有时候采取不好的处理方式将它演变成了不好的结果。对于此，只要我们进行积极地处理，就能够把矛盾引向积极的一面，不会影响到自己的工作。当然，职场中还有一部分同事是没办法处理好关系的，不过这也不妨碍你的职场工作，只要做好你自己。当你自己的能力有了大幅度的提升时，这些所谓的矛盾和摩擦都会消失得无影无踪。

所以，与其心急气躁地和他们论理、争辩，不如用心工作，用成绩作为回击，切勿让职场中的这些琐事阻碍了你前进的道路。

因为找不到自己，才让找工作显得有些难

刘同说：“知道自己能做什么的人，只要愿意，一般都能找到工作。只知道自己想做什么的人，想来想去，往往都很难找到工作。知道自己能做什么，又清楚地知道自己想做什么的人，一般都能找到一份离理想不远的工作。一个人找不到自己，才显得找工作有点难。”

现实生活中存在着很多“找不到工作”的大学生，因为他们认为一个大学毕业的本科生根本不能只做一个月仅两千块钱的工作，同样这也是他们找不到工作的根本原因之一。或许你认为自己很有才华，很有能力，很适合负责一些高端大气的工作，而不是“大材小用”，把你丢在普通

的岗位上，是对你能力的不认可，所以你不愿意去做。

当然，所有人都知道你是优秀的，但并不如你想象的那般优秀。优秀不是说出来的，也不是别人给你定义的，更不是你自己定义的。优秀，它需要你用一些真实的业绩数据和成果来证明。

有一次，刘同询问一个播音主持系的老师："你们学校毕业生目前的就业状况怎么样？"老师一脸忧愁地反问："即便现在的一些主持人退下岗位，也就只能有一小部分的职位空出来。可学校每年一两百个学生，全国几万个播音主持系的学生怎么办呢？诚然，将此作为学生没有找到工作的理由确实有点可笑，但也不能否认我们的市场根本装不下这么多的主持人。"

后来，老师给刘同讲了一个故事。

有一个播音系的女孩子，暑假时她并没有像其他同学那样进电视台实习，而是去了一家4S店。她的决定有些让老师不解，不过想到未来的就业前景，多一些出路也是好的。

每隔几天老师都会打电话给她，询问她那边的情况。

前几天，根本没有人带着她吃饭，也没有人告诉她应该遵守的规矩。即便是带她的师傅，忙得也没有工夫搭理她。她觉得自己犹如一个透明人，店里的一切都和她没有关系，除了偶尔的端茶倒水外。

没有活儿干，她就站在一边仔细观察其他人的一举一动，希望能够从中学点东西。她发现，很多的顾客都是电话预约或者是网上留言而来的，于是她每天就负责帮师傅回答一些顾客的问题，并且尽可能地详尽和仔细。后来，更是凭借着自己专业主持的优势，将电话预约发挥到了极致：几乎每一个接到她电话的人，都没有拒绝过她。渐渐地，一个月时间不到，她和师傅两人的销售业绩排行第一。而今，因为她口才好，好学又努力，综合素质不错，已经直接被总部调到一线品牌汽车做销售了。当老师问她一开始做销售会不会感觉屈才时，她说：“不会，我知道自己能够做什么，也知道我未来想要做什么，我是有方向有底气的。虽然现在这个职位并不是我想要的，但我还是会一如既往地做下去，长此以往，我肯定会坐上自己想要的职位的。”

听了这个故事，刘同说道：“那么，现在你还认为，很多大学生找不到工作的原因是因为工作岗位比较少吗？”

是的，很多时候我们所谓的找不到工作，只是因为找不到我们心中理想的工作而已。更加可悲的是，我们理想中的工作经常会超出我们的能力，但却又偏执地去追求它，由此也就造成了“没有工作”的局面。其实并不是真的没有工作，而是你没有在工作中找到适合自己的位置罢了。

就这件事情，刘同曾在微博中写道：“知道自己能做什么的人，只要愿意，一般都能找到工作。只知道自己想做什么的人，想来想去，往往都很难找到工作。知道自己能做什么，又清楚地知道自己想做什么的人，一般都能找到一份离理想不远的工作。一个人找不到自己，才显得找工作有点难。”

要想找到工作，就必须先找到你自己。

只要你不认为不可能，你就不会被打败

除了你自己，没人能够限制你。

《我奋斗了十八年，才能和你一起喝咖啡》，这是很多年前网上流传甚广的一篇文章，相信大多数的人都看过。而今再回头看看：难道我们十八年的奋斗，真的只是为了和他们一起喝咖啡吗？我们拼死拼活地工作，难道就是为了赚得一杯咖啡钱吗？显然不是，否则社会上就不会有那么多“怨男怨女”，抱怨工资低、物价高了。毕竟，即便一个月工资两千块，还是可以支撑你喝杯咖啡的。

我们奋斗的实质，就是为了实现自己的人生价值和社会价值，希望做有意义的工作，希望能够在工作中找到归属感，体现价值感。有意义工作的基础，就在于你要有自信，要敢于挑战工作中的不可能。只要你不认为不可能，你就不会被人打败，不会被人打败，自然就能够享受到工作带给你的满足。同样，如果你做什么工作都唯唯诺诺，对自己毫无信心，把“我不行”当成口头禅，这不仅会击垮你的自信心，更会摧毁你的潜力。要知道，世间并不存在一无是处的人，自我否定只是愚蠢之人的专利。

英国里约残奥会的独家转播商Channel4制作了一支以“Yes，I can”为主题的残奥会广告。广告中的主角全部都是残疾人，既有备战奥运会的残疾运动员，也有一百多个普通的残疾人。他们和正常人一样喜欢开飞机、攀岩、玩乐队、跳芭蕾……

残奥赛场上，每一枚奖牌，每一次搏击，都有着令人动容的故事；每一名运动员的经历，都有着一段让人惊叹的传奇……这些将“不可能”变为“可能”的残疾运动员们，用他们的毅力和拼搏深深震撼了大半个世界。

周洪转是河北沧州的一个农家孩子，3 岁时因小儿麻痹后遗症致使双腿残疾，无法走路。机缘巧合下，她进入湖北黄石残疾人训练基地，开始轮椅竞速项目的训练。周洪转是个比较内向的女孩子，不喜欢说话。训练中，双手不知被轮子磨破了多少次，皮手套甚至都能够攥出血来，她都从未抱怨过一句，疼得厉害了就把毛巾咬在嘴里，照常训练。

渐渐地，凭借着这股毅力和拼劲，她开始代表河北省出战，开始代表中国出战。2008 年北京残奥会，她取得了一金一银一铜的好成绩；2012 年伦敦残奥会获得 2 金 1 银 1 铜的成绩；2016 年里约残奥会获得 3 金一银的好成绩。这个土生土长的农家女孩，努力从命运的黑洞中爬出来，为我们创造了一个又一个“不可能”的奇迹。她不断超越着自己，超越生命中的每一次挑战，书写了一篇篇壮丽的人生篇章。

2016 年 9 月 19 日，里约残奥会圆满落幕。我国残奥军团以 107 金 81 银 51 铜共 239 枚奖牌的傲人成绩稳居金牌榜和奖牌榜首位，给国人以及全世界的人带来了极大的轰动。这也是自 2004 年雅典奥运会以来连续 4 届稳居金牌榜首位。

每一位残奥健儿都是折翼天使，但他们并没有将此当作脆弱的理由。相反，上天为他们关上了一扇门，他们又努力打开了一扇窗。在他们的世界中，只有不努力，没有“不可能”。

工作中也是如此，天无绝人之路，很多个看似无路可走，其实出口就隐藏在暗处。只要我们懂得寻找，就能够找到。其实，大部分情况下，大多走投无路的悲观，都源于我们自身的脆弱和毫无主见。法国文豪大仲马认为自己一无是处，整日活在悲观、自卑之中，后经父亲朋友的提点，走上了写作之路，成为一代文豪；埃及无臂乒乓球选手易卜拉欣·哈麦德学会了用嘴打乒乓球……

你看，只要你不自我设限，工作中就没有不可能。只要你愿意发挥自己的潜力，去做别人不敢做、不愿做、不可能做的事情，你就成功了一半。那些把“不可能”挂在嘴边的人，一定是个失败之人，因为行动还未开始，失败就已经占据了他的内心。这种失败的念头会一直跟随他们，直到把可能的事情变得完全没有可能。

工作中没有不可能。只要你抱着“凡事皆有可能”的态度，积极主动地迎接每一项工作。我敢保证，不管你现在身处怎样的处境，将来的成功必定是属于你的。

测试 测测你的职场智商高不高

根据自身情况选出合适答案，依据计分标准得出最后结果。

1. 每天出门之前，你会对着镜子做什么？

A. 前后左右仔细打量自己一番，看看穿着是否得体

B. 露出一个大笑脸，鼓励自己

C. 匆匆路过，可能会看一下脸庞是否干净，眼神是否有精神

D. 没心情照镜子，甚至都不知道镜子在哪里

2. 每天整理自己仪容的次数是多少？

A. 两个小时一次，会保持自己的形象

B. 午餐的时候会做一次调整

C. 除非是在很重要的场合，一般不会注意这些

D. 不会顾及这方面的事情

3. 你喜欢在家办公吗？

A. 不喜欢，不希望脱离职场

B. 听起来很不错，但还是会选择留在职场，要和社会保持联系

C. 无所谓，根据工作性质来定

D. 很喜欢，在家办公很自由

4. 工作的时候，你经常打电话或者是找人聊天吗？

A. 不会，一心用在工作上

B. 偶尔

C. 空闲的时候就打打电话上上网

D. 每天有一半的时间都泡在网上，或者是打私人电话

5. 你办公桌上摆着什么东西？

A. 闹钟

B. 植物

C. 照片或者是玩具

D. 除了工作的文件，什么都没有

6. 工作的时候，你经常空想吗？

A. 从来没有，我工作的时候会很认真

B. 偶尔，很累的时候会通过空想休息一下

C. 有时候会，但不会太频繁

D. 经常，几乎无法自我控制

7. 在路上行走时，突然听到了钥匙掉在地上的声音，你的第一反应是什么？

A. 一定是错觉，我是个很严谨的人，不可能掉东西

B. 掉在地上的只有一把钥匙

C. 掉了两三把钥匙

D. 掉了一大串钥匙

8. 和领导一起参加聚会时，你会怎么做？

A. 无拘无束，很自由

B. 刚开始会矜持一些，但也会尽力营造出比较和谐的社交氛围

C. 很害羞，有点不知所措，但依然会和别人主动打招呼，尽力融入气氛

D. 很谨慎，有些不合群

9. 年终分红的时候，你有什么样的表现？

A. 很高兴，会请大客户玩一玩

B. 自信会得到很丰厚的奖励

C. 很紧张，有些忐忑

D.没什么兴趣

10.当你和领导意见不一致时，你会怎么做？

A.据理力争，坚定自己的立场

B.以柔克刚，找出双方都可以接受的方法

C.持续争辩，如果争辩不过就保持沉默，听从领导的安排

D.不敢和老板争辩

11.如果你的大老板直接跳过你的直接上司给你布置任务，你会如何做？

A.认为是个表现机会，会尽善尽美地做

B.会把功劳分给直接上司一半

C.会推给直接上司

D.到处宣扬，表示自己很受大老板的重视

12.有同事在你面前说他人长短，你会怎么做？

A.很厌恶，会粗暴地打断他

B.继续工作，并委婉地提醒他

C.不发表任何意见，但也想要听一听

D.很感兴趣，会加入他们的讨论

13.有异性同事开比较过火的玩笑，你会怎么做？

A.已经习惯了，会一起跟着开玩笑

B.用很委婉的方式表达自己的不开心，不会伤和气

C.忍耐一下，勉强配合

D.直接翻脸，让同事下不了台

14.最近，你经常和谁一起吃饭？

A.领导

B.客户

C. 同事

D. 爱人

15. 你在事业上很成功，但你却经常感觉工作压力过大，那你会如何调整？

A. 运动，打打球，放松一下

B. 学习烹饪，用美食化解压力

C. 和朋友聚会

D. 打扫卫生，上上网

16. 你如何看待公司培训、旅游、奖金等福利项目？

A. 比较倾向于培训，希望可以提升自己的能力

B. 喜欢旅游和健身，能够锻炼身体、陶冶情操

C. 不管什么福利都会好好享受

D. 把福利兑换成现金最好

17. 对于爱情测试，你有怎样的看法？

A. 都是骗人的把戏

B. 会玩玩，但不会被结果影响

C. 嘴上说着不信，但结果还是会影响到自己

D. 信则有，不信则无

18. 你有没有多次都做同一个梦的情况？

A. 从来没有，基本上很少会做梦

B. 好像有，不太清楚

C. 有过，很诡异

D. 经常，很疑惑也很恐惧

19. 你对冬天有什么感觉？

A. 年终会很繁忙，要做好工作计划

B. 风景很美，但下雪可能会造成上班迟到

C. 冷

D. 很讨厌冬天

计分标准：

A.8 B.5 C.3 D.1

测试结果：

121 ~ 152 分：你很满足现在的工作，而且你是典型的工作狂。建议你有时需要放松一下，让自己的生活变得丰富多彩一些。

93 ~ 120 分：职业商数很高，你聪明能干，能够胜任现在的工作。

70 ~ 92 分：你很注重生活，没有当老板的欲望。作为工作者，你可能会被大多数人艳羡，因为你工作稳定又不太劳累。建议你不要经常跳槽，不要放弃好的工作机会。如果你再勤奋一点，你的处境会比现在好很多。

43 ~ 69 分：你不太适合现在的工作，你应该多注意职场动态，如果有适合自己的岗位不妨大胆争取。

19 ~ 42分：你很不满意现在的工作，对老板更似仇人一般。毋庸置疑，你已经没必要再继续手中的工作了，否则可能不利于心理健康。所以，请鼓足勇气去选择一份让你满意的工作吧。

第十二章

爱情有时脆弱如纸，经不起折腾

猜忌一旦生根，甘露瞬变鸩酒

在爱情里，猜忌的生命力尤为强势。它一旦生了根，即便一堵铁墙压在上面，它照样可以钻出孔来。

《说郛》中云：“猜忌天下之乱源也，主疑臣则诛，臣疑主则反；主疑臣而不诛则臣疑而反，臣疑主而不反则主必诛之。”猜忌是天下之大忌，一旦它生了根，将会引来无穷的祸患。在古时官场如此，在现代爱情中亦是如此。

在爱情里，猜忌的生命力尤为强势。它一旦生了根，即便一堵铁墙压在上面，它照样可以钻出孔来，直到把原本火热的爱情折磨成一片贫瘠的沙漠。

《奥赛罗》是莎士比亚四大悲剧之一。

奥赛罗是威尼斯公国的一员大将，和元老之女苔丝狄蒙娜相爱。但因二人年龄相差过大，奥赛罗又是黑人出身，元老并没答应这门亲事。无奈，二人只好离家私奔，私订终身。

伊阿古是奥赛罗手下的一个旗官，为人阴险，一直想要除掉奥赛罗。于是，他编造苔丝狄蒙娜和一个叫卡西欧的副将有染。卡西欧不久前刚因为打架伤人（也是受伊阿古挑唆所致）而被奥赛罗免职，现在又听说他与自己的妻子有染，就更饶他不得。蒙在鼓里的苔丝狄蒙娜还一直为卡西欧求情，这更加重了奥赛罗心里的猜忌：他一定要惩罚这个不知羞耻的女人。

于是，在一个晚上，他不顾妻子的苦苦哀求和解释，勒死了她。妻子死后，伊阿古的夫人艾米莉亚匆匆赶来，道出了伊阿古的阴谋。真相大白后，奥赛罗悔恨不已，他爬到妻子的床边，拔剑自刎。

奥赛罗听信小人之言，杀死了不惜毁掉自己名声也要和自己厮守终生的妻子，最后在愧疚之中结束了自己的生命。这就是猜忌的威力。如若奥赛罗坚定妻子对他的爱，不轻信别人流言，这场悲剧就可以避免。

英国哲学家培根说：“猜忌犹如黑夜里的蝙蝠，它喜欢黑暗，喜欢迷惑人，让人乱了心智。它能使人变得迷惘，会分不清敌友，会破坏人的生活和事业。”

爱情一旦有了猜忌，犹如破镜难圆，修复得再好终归也是会留下一道裂痕，这道裂痕不会随着时间的流逝而消失、凝结，而会不断地被反复撕裂，一直持续到爱情终结。爱情并不是什么金刚不坏之身，不管多大的风浪都可以扬帆抵挡。爱情，只是一个刚刚出生的婴儿，它需要双方的共同呵护，一旦中间有了猜忌，爱情便注定无处逃生。

法国电影《蝴蝶》中有句话：“若是人们要求对方做什么来证明他们的爱情时，就表示不信任对方，没有信任，就快支撑不住了。”唯有信任才能长相知。信任，是爱情维系的基础；猜忌是爱情的杀手。爱情的失败从来不是因为现实的距离，而是我们内心里对彼此的不信任以及不安全感，但又耻于承认这些，所以才把爱情的失败归结到现实的距离上。

爱情，本是一件极为甜美的事情，猜忌让它从甜美变成了一杯苦酒。

其实，若能够保持“爱情”原本的模样，感情长久倒也不是什么难事。在爱情中，我们每个人之所以会累，源于每一次误会后的“我以为”。

“我以为”得多了，“爱”就少了。

夫妻要亲密，更要有距离

蜜糖过甜，会让人的味觉麻木；爱情过于冰冷，亦不会持续长久。

爱情不能犹如过甜的蜜糖，蜜糖过甜，会麻木人的味觉；爱情也不可过度的冰冷，过度冰冷，会影响爱情的时间。更是有人说：“瞎太太嫁给一个聋先生，这将会是世界上最美满的婚姻。”换句话说，在婚姻生活中，只要保持适当的距离，有些话听不到，有些事看不到，婚姻才能够稳定地维持。

俗语说：距离产生美，爱情也是需要呼吸的。保持好夫妻之间的距离，就能够赢得美满的婚姻，也能够避免“相看生厌”的局面了。而且，不过于亲密的夫妻关系，不仅能够使两人的情感更牢靠，更能够延长婚姻的蜜月期。如果两人如同双面胶一样亲密的一点缝隙都没有，那么离婚姻的破裂也就不远了。

刚结婚几个月的林莎早就没有了恋爱时的甜蜜，也没有了蜜月期的亲密。短短时间内，她的婚姻犹如过山车一样，经历了好几个起伏波折，刚开始的甜蜜早就已经消失得无影无踪了。她说：“生活并不如我之前想的那样完美和温馨。结婚之后，我看到了他很多之前并没有注意到的毛病，而且我越来越无法忍受他的这些毛病。更加可怕的是，我们现在因为一点小事就能够争吵起来。”

后来，公司安排林莎去外面培训一个月，其间不能回家。也正是这一次的训练，挽救了林莎越来越冷漠的婚姻：刚开始的几天，林莎并没有任何的感觉；不到两个星期的时间，她便开始想念自己的丈夫了，开始想念两个人一起生活的日子，甚至还有那些她无法忍受的小毛病。渐渐地，丈夫在她心里的优点越来越多，缺点越来越少，她已经迫不及待地想要和丈夫见面了。

培训结束后，她飞速赶回家里，给了丈夫一个大大的拥抱。林莎说：“亲爱的，这一个月的时间，我真的好想你。”同样，她的丈夫也无比想念她。经过这一件事情，林莎认识到了距离的重要性。

现实生活中，很多人习惯将夫妻间的最佳状态定为“亲密无间”，事实却并非如此。夫妻之间也需要一种距离感，毕竟即便两个人在一起生活，也总有需要一个人面对问题、解决问题的时候。夫妻双方本就是一个独立的个体，都有着属于自己的成长环境、社交生活、性格爱好、志趣等，如果能够掌控好这种距离，会让夫妻生活变得更加融洽，会让爱情维持得更加长久。

当然，此处的距离是有限度的。如果说过于亲密的爱情是一种苦难的话，那么过于有距离的婚姻就是一种灾难了。距离要建立在不影响婚姻生活的基础之上，要遵循一定的原则。对于夫妻关系来讲，很多人都有改变对方的倾向，这种倾向就源于“亲密无间”的动机。很显然，这种倾向并不好实现。逼迫得紧了，就有很大可能带来争吵和摩擦，甚至还会让婚姻生活处于失控乃至崩溃状态。一旦婚姻危机出现，婚姻生活将会受到巨大的威胁。

所以，夫妻之间一定要保持适当的距离。当二人出现摩擦或者是不耐烦时，可以在告知对方的前提下离开几天，彼此冷静一下，给彼此一些空间。如此，爱情才能够长久，婚姻才能够保鲜。

唠叨会让爱情变老

地狱中，魔鬼为了破坏爱情发明了一种最恶毒的方法——唠叨。

有人曾说：“一个女人可能拥有全天下每一种美德，但是如果她脾气暴躁，唠叨个不停，喜欢挑剔和个性孤僻，那么她拥有的其他美德全部等于零了。许多男人之所以失去冲动，而且放弃了奋斗机会，是因为他太太总是对他的每一个希望和心愿猛泼冷水，她永远无休止的挑剔。”卡耐基也说：“唠叨是爱情的坟墓。但是很多女人并没有意识到这一点，甚至认为自己的唠叨是对他的爱，以及唠叨可以改变丈夫的缺点。”

唠叨是爱情的坟墓，它经常以“爱”的名义出现，却又披着魔鬼的外衣。它像一滴水，起初并不起眼，时间久了，却拥有穿透人心的力量，让爱情枯萎，让宝玉失色。

拿破仑三世爱上了美丽的玛利亚·尤琴，并义无反顾地迎娶了这个和自己门第并不对等的女人。这场婚姻容纳了人们眼中所有的完美和浪漫：美丽、爱情、名声、地位、权势、财富……在众人眼中，他们必定会如童话里的王子公主一样幸福地生活下去。然而，婚后没多久，爱情的生活开始在风中摇曳，当初的激情也慢慢退却，只留下满地的灰烬。

尤琴是一个非常唠叨的女人，她担心丈夫会爱上其他的女人，便想尽一切办法地缠着拿破仑三世，不让他有一点私人时间和空间。甚至当拿破仑三世谈论国事时，她也冒冒失失地闯进办公室，非要和他谈论宠物，全然不顾其他。她不允许拿破仑三世独处，只要他显露出一点点不耐烦的神情，就不停地哭闹、唠叨，让拿破仑三世很是头大……身为一国皇帝，拥有着令人艳羡的皇宫，坐拥广袤的土地，却找不到一点安静的地方。慢慢地，拿破仑三世冷落、远离了尤琴。

莱哈特在《拿破仑三世与尤琴：一个帝国的悲喜剧》中如此描述他们的爱情："拿破仑三世常常在夜间从一处小侧门溜出去，头上的软帽盖着眼睛。在一位亲信陪同之下，去找美丽的女人约会，或者出去看看巴黎这个古城，在以往不常看到的街道中漫步，放松一下自己压抑的心情。"

最终，尤琴的唠叨让她失去了拿破仑三世，她亲手埋葬了自己的爱情。除了拿破仑三世外，苏格拉底为了躲避唠叨、泼悍的妻子，经常躲在雅典的大树下沉思；大文豪托尔斯泰因为妻子的不理解而离家出走，最后病逝在一个破旧的火车站；恺撒因为忍受不了第二任妻子的唠叨而选择离婚……诚然，唠叨不乏善意的提醒，也不乏溢出的爱意，但是一旦把唠叨变成习惯，它就成为罪恶的铁锹，一点点把爱情推入深渊。

在现实生活中，爱情、婚姻生活的失控往往也源自于唠叨。有人说："在地狱中，魔鬼为了破坏爱情而发明的恶毒方法中，唠叨是最厉害的了。它永远不会失败，就像眼镜蛇咬人一样，总是具有强大的毒害性，常常使甜蜜的爱情破裂，更有甚者置人于死地。"

爱情是娇嫩的花，唠叨如暴虐的雨。偶尔的摧残有利于花的生长，如果把暴雨当成灌溉花朵的主要肥料，花儿除了死亡，它似乎并没有他路可走了。

让我们在成熟的时候来一场相爱

所谓的"坏"爱情，只不过是在一个不懂自己的年纪，选择了一个更加不懂自己的人。

如果你出现的再早一些，或许她就不会和另一个人十指相扣；或者相遇的再晚一些，晚到彼此学会了包容和谅解，学会了善待和体贴，或许就能够一路走到白头。可惜没有如果，有些人注定用来怀念，有些人命中就该执手。一个惊艳了岁月，一个温柔了时光。爱得早不一定幸福，爱得晚也不一定不幸，最好的爱情是当我真正透彻了"爱"这件事情，你恰好出现在我身边。不早不晚，对于我们来说刚刚好。

沈从文说："我行过许多地方的桥，看过许多次数的云，喝过许多种类的酒，却只爱过一个正当最好年龄的人。"

有人在二十多岁的年纪已经离婚，有人在三十多岁的年纪才找到真命天子。爱情或早或晚，都会到来，它从不会缺席，只是偶尔迟到。爱情来得早，请好好珍惜，一旦错过或许转身就是天涯；爱情来得迟，也请保持好美好的情绪，等待着它的到来。

戴安娜在不到20岁的年纪选择了婚姻，嫁给查尔斯王子。她收拾好行装，和好友告别，和考勒赫恩60号告别。一位全副武装、真枪实弹的

警长护送她进宫。看着眼前这个稚气未脱的女孩，警长说："你要明白，这是你自由自在生活的最后一夜，不要着急，再好好享受一下吧。"警长的话让她有了一种无以言表的心痛。或许，此时的她才真正意识到自己即将和过去的自由告别，即将迈入一种时刻遵守纪律、如履薄冰的牢笼。

婚后，戴安娜才明白，要想让这段婚姻和谐，她必须没有理由地迁就他。"适应新角色"的任务只是戴安娜一个人的事，王子不会为任何人改变他的生活方式。当时只有20岁的戴安娜在很长一段时间内，都选择了一种极其不成熟、不理智的方式来处理家庭问题：被查尔斯王子冷落时，会用小刀自残；给查尔斯的情人卡米拉打电话；为了赢得丈夫的关注，身怀六甲的戴安娜故意从阶梯上跳下来，周围的人也跟着心惊胆战……戴安娜不成熟的处理方式，不仅没能挽回查尔斯王子的心，反倒将他越推越远。当戴安娜逐渐成熟起来，真正了解了婚姻的需求时，她的婚姻早就成了一张满是破洞的渔网，无法再修复。1996年，戴安娜和查尔斯结束了十五年的婚姻。

20岁，在不懂婚姻的年纪迈入婚姻，把彼此伤的遍体鳞伤，最后破败而退。因为心智不够成熟，因为不够了解自己最期望的生活，最后在刚刚了解爱的时候，才发现最初选择的方向并不是自己想要抵达的远方。

再反观她的儿媳凯特王妃。凯特30岁时嫁给威廉王子，拥有了令无数少女艳羡的王冠。30岁的年纪，已经懂得自己的需求，能够掌控自己的言行举行，能够应对婚姻、人际、家庭之间的关系，她很明白自己选择了一种怎样的生活，很明白她将到达什么样的彼岸。她不会像戴安娜那样稍有不顺就大吵大闹、割腕自杀。凯特和威廉王子分过手，当所有的媒体准备拍摄一张落寞的脸蛋时，她拿着球拍出门，像往常一样和记者微笑着打招呼。

30 岁，经过深思熟虑之后的选择，看透了美好与无奈、梦想和现实的距离，把脚迈入了定型的生活。

如果说戴安娜在婚姻中是一个“超龄儿童”，那么凯特就真正是个心智成熟的成年人。她在意的除了“看对眼”之外，还要想着如何“走下去”，这是成年人需要拿出的态度，戴安娜的婚姻仿似一场“感官游戏”，看得上就可以，给自己找了一桩“失控”的婚姻。

当然，成年人并不特指一个固定的年龄，有些人很早便可以独当一面，有些人一辈子都是个孩子。最好的爱情在于我们能够在理性思维、平和态度、换位思考的基础上，和成年人之间形成一种良性、成熟的交流。他们能够先了解自己，了解生活，然后再去寻找那个能够理解他、接纳他所选择的生活方式的另一半。

爱是需要天时地利人和的，张爱玲说：“于千万人之中遇见你所要遇见的人，于千万年之中，时间的无涯的荒野里，没有早一步，也没有晚一步，刚巧赶上了……”爱情，就是一种遇见，在你真正成熟、懂得爱情的时候，正好遇见那个你想要的人。

这样的爱情才刚刚好，这样的婚姻才不会失控。

测试 测测你在爱情中的致命弱点

根据自己思维方式和习惯，对下列答案进行选择。并根据箭头指示的序号，跳转到对应的选题号中继续选择，通过如此推导，最终会得出结果。

1.你有贪睡的习惯吗？

有→转到第2题

没有→转到第3题

2.你会给人一种难以接近的感觉吗？

是的→转到第3题

不是→转到第4题

3.你有时候会走极端吗？

会→转到第4题

不会→转到第5题

4.虽然现在电脑很普及，但你还是习惯用DVD看电影吗？

是的→转到第5题

不是→转到第6题

有这个想法→转到第7题

5.你会关注一些音乐制作人的作品，并且还有比较欣赏的音乐制作人吗？

有关注，但没有欣赏的人→转到第6题

有关注，也有欣赏的人→转到第7题

没有关注→转到第8题

6. 面对猥琐的人时，你会直截了当、毫不留情地表现出刻薄的样子吗？

会→转到第 7 题

不会→转到第 8 题

7. 你觉得自己的性格和哪种动物最相像？

猫咪→转到第 8 题

乌龟→转到第 9 题

兔子→转到第 11 题

8. 你很看不上那些庸俗的人吗？

是→转到第 10 题

不是→转到第 9 题

9. 你有比较喜欢的服装品牌吗？

有→转到第 10 题

每个品牌都有喜欢的款式→转到第 12 题

有喜欢的品牌，但经常穿杂牌→转到第 11 题

10. 当你发现自己和某个朋友在一起时总是会发生很倒霉的事情，你会远离这位朋友吗？

会→转到第 13 题

不会→转到第 14 题

11. 你会怎样处置前任给你留下的东西？

就这样放着→转到第 12 题

扔了→转到第 13 题

转送给他人→转到第 14 题

12. 当别人问起你的择偶条件时，你的第一反应是什么？

没什么条件→转到第 15 题

外形、内在都有→转到第16题

13.你会很执着地去追求事情的真相吗?

会→转到第16题

不会→转到第15题

14.你认为规则是用来打破还是遵守的?

遵守→转到第15题

打破→转到第17题

15.参加一个单身聚会，你会选择哪一种?

假面舞会→转到第18题

普通饭局→转到第17题

登山活动→转到第19题

16.你的QQ网名是什么文字?

中文→转到第18题

外文→转到第19题

非主流火星文→转到第20题

17.你经常会在夜深人静时有想哭的冲动?

有，但是不会哭出来→A

想哭的时候就可以哭出来→B

不会→20

18.你已经吃得很饱了，这时服务员又赠送了冰激凌，你会怎么做?

再吃一点→A

吃一口尝尝→C

不吃→D

19.恋爱当中，你甩别人多还是别人甩你多?

甩别人多→C

被甩多→E

差不多→B

20. 失恋之后，你有离开这座城市的想法吗？

有→E

没有→D

测试结果：

A：“曾经有一份美好的感情摆在你面前，你却没有珍惜。”在爱情面前，你通常会后知后觉，你很相信自己的直觉，但你的直觉却经常是错的。

B：别人总是过于信任你，但你的内心并没有表面看起来那么坚强。你是一个很好的人，但那个人却通常有眼无珠。很幸运的是，你的心态足够好，不管在爱情里得到怎样的结果，你都会找到那个真正属于你的人。

C：你是一个很有主见的人，聪明有见解，有独特的风格。

D：过于大男（女）子主义。你有很强的自信心，整日像个高高在上的王者。这样的你，会在感情中受挫。

E：你对爱情抱有幻想，心情很纯洁，在别人看来，你应该是很容易就能得到爱情的。但是也由于你过分的善良和单纯，不会主动追求自己的幸福，信奉“是自己的就一定是自己，不是自己的最终会离开”的原则，不会主动争取。

参考文献

[1] 黄德惠 . 不失控 如何有效管理你的坏情绪［M］. 北京：中国画报出版社，2015.

[2] 肖卫 . 别让坏脾气毁了你：任何场合都不失控的性格自修课［M］. 北京：北京时代华文书局，2015.

[3] 胡锋 . 不失控：最实用的情绪操控术［M］. 北京：电子工业出版社，2011.

[4] 张笑恒 . 情绪掌控术：如何让自己不失控［M］. 北京：朝华出版社，2012.

[5] 徐宪江 . 情绪掌控术：有效地表达自己不失控［M］. 北京：新世界出版社，2011.

[6] 陈玮 . 别让情绪失控害了你［M］. 北京：中华工商联合出版社，2014.

[7] 高文珍 . 每天学点自控力：别让失控毁了你［M］. 北京：中国法制出版社，2016.

[8] 约翰·辛德勒 . 坏情绪再也不来纠缠你：掌控情绪才能掌控未来［M］. 吉林：北方妇女儿童出版社，2016.

[9] 王珊 . 调整心态，控制情绪［M］. 北京：中国华侨出版社，

2016.
[10]肯·林德纳.当时忍住就好了：哈佛大学性格自修课[M].北京：中国友谊出版公司，2014.
[11]慧闻.一动气，你就输了一半（读美文库）：任何场合都不失控的情绪自修课［M］.北京：民主与建设出版社，2016.
[12]喜羊子.一失控，你就输了[M].武汉：华中科技大学出版社，2015.
[13]龙盛泽.脾气越大，运气越差[M].北京：企业管理出版社，2014.
[14]林伟宸.正能量情绪控制学：如何管住情绪不失控［M］.北京：中国华侨出版社，2013.
[15]卡耐基.每天学一点超级自控力——卡耐基情绪管理术与意志力训练[M].海口：南海出版公司，2014.
[16]文竹.情绪掌控术［M］.北京：中国商业出版社，2016.